El Valle de Chalco
– Mexico -
Ville sortie d'un lac

Collection
Ressources renouvelables
et
sociétés en transition

sous la direction de Stéphane Pouffary

La collection a pour ambition de témoigner que la trajectoire de développement de nos sociétés n'est pas une fatalité. Il s'agit aussi de montrer que nos modes de consommation et de production peuvent être résolument différents, au service du plus grand nombre et dans le respect des ressources naturelles. Dans cet esprit, cette collection se veut un trait d'union entre les Savoirs passés, présents et à venir afin de démultiplier les opportunités d'action pour des sociétés en transition, équitables, solidaires et respectueuses des équilibres intra et intergénérationnels.

La conception et la réalisation de la couverture de l'ouvrage ont été réalisées par S'Calpa, Graphiste. Le fond de la couverture est un des tableaux que le peintre mexicain Phil Kelly avait réalisé sur El Valle de Chalco.

Le logo de la collection a été conçu et dessiné par Xingzhu Jian de l'Association ENERGIES 2050

5-7, rue de l'École-Polytechnique ; 75005 Paris
http://www.librairieharmattan.com
diffusion.harmattan@wanadoo.fr
harmattan1@wanadoo.fr
ISBN : 978-2-343-01218-6
EAN : 9782343012186

Sonia Comboni
et
José Manuel Juárez

El Valle de Chalco
— Mexico —
Ville sortie d'un lac

L'Harmattan

Sonia Comboni Salinas et José Manuel Juárez Núñez sont enseignants-chercheurs de l'Université Autonome de México X (UAM), département des Relations Sociales de la DCSH, domaine Éducation, Culture et Processus Sociaux. Membres du SNI et du COMIE.

Après des études de sociologie à Mexico, Louvain et Paris jusqu'au troisième cycle, ils ont été faits Docteurs ès Lettres en Sorbonne à partir de thèses sur des données d'enquêtes de terrain qu'ils avaient eux-mêmes réalisées. Auteurs de nombreux ouvrages de méthodes d'enquêtes et d'études de première main sur la réalité mexicaine et latino-américaine, ils sont plus spécialisés sur les questions culturelles et de transmisssion du savoir.

Ressources renouvelables et sociétés en transition

L'humanité est confrontée à des crises politiques, sociales, écologiques et économiques inédites par leur ampleur et leur interdépendance. Ces défis sont exacerbés par la croissance démographique, la prédation de l'homme sur les ressources naturelles et les inégalités et la pauvreté qui frappent une part significative de la population mondiale. Sur fonds de crise climatique avec des conséquences de plus en plus visibles et irréversibles, cette situation questionne même la survie du monde tel que nous le connaissons.

La collection *Ressources renouvelables et sociétés en transition* est le prolongement de la collection *Ressources renouvelables* créée il y a quelques années par Bernard Germain Lacombe. Cette nouvelle collection a pour ambition de témoigner que la trajectoire de développement de nos sociétés n'est pas une fatalité. Il s'agit aussi de montrer que nos modes de consommation et de production peuvent être résolument différents, au service du plus grand nombre et dans le respect des ressources naturelles. Dans cet esprit, cette collection se veut un trait d'union entre les Savoirs passés, présents et à venir afin de démultiplier les opportunités d'action pour des sociétés en transition, équitables, solidaires et respectueuses des équilibres intra et intergénérationnels.

ENERGIES 2050 est une organisation non gouvernementale qui travaille en France et à l'étranger sur les questions associées au développement durable, au changement climatique et aux défis environnementaux et énergétiques. L'association est engagée dans la mise en œuvre de la *Grande Transition*, qu'il s'agisse de la transition énergétique, de la transition urbaine ou de la mise en mouvement d'une société plus humaine, plurielle et solidaire, porteuse de paix et respectueuse des biens communs de l'humanité.

Stéphane POUFFARY
Directeur général
et Fondateur
Président d'honneur
Association ENERGIES 2050
(www.energies2050.org)

Avertissement

Cet ouvrage sur Chalco, Mexico, était prévu initialement pour une collection de L'Harmattan qui, après vingt ans d'existence, devait se renouveler en thématique au regard des défis et des enjeux auxquels sont confrontés nos sociétés. Cette publication marque donc le début de l'inscription d'une problématique ancienne – celle des ressources renouvelables – dans un cadre plus sociologique et sociétal. Ce qui nous donne *Ressources renouvelables et sociétés en transition.*

Au départ de cette publication se trouve le livre sur Chalco édité en espagnol et qui date de 1992. Ouvrage collectif auquel ont participé les deux signataires de la présente publication. (Nous mettons en parallèle à disposition sur internet le document original en ses deux versions, espagnole et française, pour qui voudrait les consulter.) Il y eut aussi un documentaire réalisé par Antenne 2.

Bernard Lacombe, Rogelio Martinez, José Manuel Juárez
La boue et la poussière, Chalco
CCE-UAM-Orstom
Caizergues, Montpellier 1991 : 126
(*diffusé comme littérature scientifique informelle*)

Bernard Lacombe, Rogelio Martinez et José Manuel Juárez, 1993
Polvo y lodo, Chalco
Ocelote, México 1992 : 112,
(édition espagnole, texte revu)

film documentaire :

Perrin Éric réalisateur, Autain Kristian, cinéaste et De La Fuente Richard, preneur de son, 1991, *À bout de souffle* film pour Antenne 2, Paris, Mai 1991 avec la collaboration scientifique sur le terrain de José Manuel Juárez Núñez et Bernard Lacombe Fouéré

Qui le désire trouvera également les ouvrages de 1992 et 1993 dans les banques de données, et le docuentaire également. Les articles des revues mexicaines, particulièrement celles patronnées par la UAM-Xochimilco, leur apporteront également tous les éléments qu'il rechercherait sur la zone de Chalco, celle de la nouvelle ville El Valle de Chalco et le projet SOLIDARIDAD, ainsi que sur le projet Chalco—UAM-X–Orstom–CEE (liste des articles et documents produits, ainsi que celle des personnes, institutions et groupes ayant collaboré dans les ouvrages cités). Le projet Chalco avait été bâti sur la nécessité de comprendre les relations et les dynamiques complexes entre la ville et l'eau, ce qui impliquait l'apport des sciences physiques et des sciences de la société et un large éventail de discipines scientifiques.

Sonia Comboni Salinas et José Manuel Juarrez Nuñez ont par la suite enquêté quelques années encore sur Chalco et nous fournissent aujourd'hui, dix ans après les premiers travaux, une autre photographie scientifique de cette ville satellite de Mexico. Il s'agit de la première partie de cet ouvrage.

A leur proposition de publication, nous avons pensé qu'il serait intéressant de publier également un additif à leur étude avec un condensé du livre de 1993, pour deux raisons. La première tient au fait que l'ouvrage est épuisé depuis très longtemps et que sa version française n'a été qu'un rapport final d'enquête édité en quelques dizaines d'exemplaires. La seconde tenait à l'évidence que les faits rapportés dans cet ouvrage sont très loin de toute interprétation personnelle à l'un ou l'autre des auteurs – puisque ce travail collectif a été le fruit de la collaboration d'une bonne cinquantaine de professeurs et de chercheurs. C'est ainsi que le texte originel de l'enquête 1990-

91 a été repris de manière synthétique pour en donner l'essentiel tout en prenant en compte les évolutions. Il a été décidé de ne pas reprendre les figures et tableaux, ni les cartes. De même, la bibliographie *ad hoc* a été volontairement délaissée dans cet ouvrage grand public.

Mais le mieux est l'ennemi du bien : la procrastination, cette peste qui affecte les intellectuels (tous n'en meurent pas mais tous en sont frappés) a dévoré le temps. Ce n'est pas la "procrastination structurée" chère à John Perry (et qui lui valut un Nobel de l'humour) qui a frappé mais l'intervention radicale des directeurs de L'Harmattan : "On publie maintenant ou jamais". Au bord du précipice, chacun dans sa partie a fait le travail nécessaire pour faire que cet ouvrage sorte – même si des travaux complémentaires auraient sans aucun doute pu être ajoutés.

Pour finir, et au-delà des éléments de contexte rappelés ci-dessus, cet ouvrage est original à plus d'un titre. En effet, il est assez rare qu'un projet collectif (on parle dans la littérature scientifique de "grands projets") aboutisse à une synthèse aussi accessible et à un titre aussi évocateur qu'énigmatique. C'est aussi pourquoi, malgré les délais et les retards, cette publication se devait de voir le jour.

Restait enfin la question de la collection : l'évolution de l'ouvrage faisait qu'il sortait de l'épure tracée par la collection *Ressources renouvelables* qui, de l'aveu de son fondateur Bernard Lacombe, arrivait au bout de sa problématique initiale.

Calendrier inspiré ou simple hasard ? Cet ouvrage a été prêt pour l'impression alors même qu'il m'était proposé de reprendre la collection. Le lien avec les travaux de l'association ENERGIES 2050 que j'ai fondée il y a quelques années était évident : les ressources naturelles comme autant de biens communs de l'humanité sont au cœur de nos activités mais elles s'inscrivent dans une approche systémique plus globale – à même d'offrir à chacun l'inspiration nécessaire pour questionner le passé et le présent et pour imaginer collectivement de possibles futurs communs différents.

ENERGIES 2050 est une organisation non gouvernementale qui travaille dans le monde et en France également sur les questions associées au développement durable, au changement climatique et aux défis environnementaux et énergétiques. L'association est engagée dans la mise en œuvre de la *Grande Transition*, qu'il s'agisse de la transition énergétique, de la transition urbaine ou de la mise en mouvement d'une société plus humaine, plurielle et solidaire, porteuse de paix et respectueuse des biens communs de l'humanité (*www.energies2050.org*).

ENERGIES 2050 est née du regroupement de citoyens de nationalités et d'horizons professionnels variés et d'experts reconnus sur les problématiques du développement, les questions climatiques, environnementales et énergétiques.

Chacun des citoyens, tout en voulant s'impliquer, se sentait impuissant au regard de l'ampleur de la tâche tout en regrettant de ne pas toujours posséder la légitimité et les connaissances suffisantes pour agir en totale lucidité face à des modèles et des affirmations souvent présentés comme des postulats ne pouvant être remis en question.

Chacun des experts, tout en ayant participé au développement de connaissances et à la mise en œuvre d'actions concrètes au niveau local ou au niveau international dans son domaine respectif, savait qu'il ne pouvait prétendre répondre seul à l'ampleur des défis et que ce qu'il faisait, tout en étant indispensable, n'était pas suffisant.

La seule certitude, pour chacun, était que la question d'un nouveau modèle de développement portait en elle de multiples et nombreuses autres questions qui se devaient d'être traitées de manière simultanée et systémique sous peine de déséquilibrer toute possible construction collective.

Ainsi est née ENERGIES 2050. Aventure collective à la recherche d'un mieux vivre ensemble, dans le respect des ressources naturelles et d'une indispensable solidarité à réinventer ; ENERGIES 2050 plaide pour une implication de l'ensemble des citoyens du Monde dans la mise en place d'un nouveau modèle de développement partagé qui reste à imaginer et mettre en œuvre collectivement.

Les recherches et actions d'ENERGIES 2050 s'inscrivent simultanément au niveau local – point d'ancrage de toute mise en œuvre et laboratoire des actions à élaborer – et au niveau global – car il s'agit de partager et de dupliquer les expériences exemplaires tout en bénéficiant des leçons tirées des expériences non concluantes.

La certitude que les trajectoires de développement de nos sociétés ne sont pas une fatalité est à l'origine de notre action et de nos actes citoyens et scientifiques. La solution ne peut être qu'une question de connaissances ou d'outils ou encore que de politique économique, technologique ou sociale. La recherche d'un mieux vivre ensemble devra se faire dans le respect des ressources naturelles et d'une indispensable solidarité à réinventer entre les sociétés qui y ont un accès inégal. A ce jour, ENERGIES 2050 fédère des citoyens, représentants de la société civile, et des experts de disciplines différentes et complémentaires, d'une cinquantaine de nationalités.

La suite était évidente et l'élargissement de la collection *Ressources renouvelables* vers de nouvelles thématiques également. C'est ainsi qu'est née la nouvelle collection *Ressources renouvelables et société en transition*.

Le présent ouvrage s'inscrit donc comme une permanence et un renouvellement entre les deux étapes de l'histoire de cette collection. Pour terminer, il convient ici de remercier Bernard Lacombe, les précédents contributeurs et les lecteurs pour leur fidélité et à souhaiter à la nouvelle collection tout le succès possible.

Nous n'avons pas trouvé de photographies des auteurs, que notre Collègue Sonia Comboni Salinas nous excuse d'avoir présenté dans le texte deux photographies prises lors de la visite sur le terrain de l'équipe d'Antenne 2 en mai 1992. Elles nous paraissaient donner une idée de leur terrain.

Stéphane Pouffary
Directeur de la collection
Ressources renouvelables et sociétés en transition
Avec l'amicale complicité de Bernard Lacombe

Ressources
renouvelables
et sociétés en transition

Remerciements

Les auteurs remercient Monsieur Toufik Ftaïta, Maître de conférences en anthropologie à l'Université de Nice-Sophia Antipolis, de s'être entremis pour rechercher et trouver des traducteurs de qualité pour les trois chapitres de la première partie.

Ils remercient tout particulièrement :

Christine Di Benedetto, MCF de littérature et civilisation hispaniques à l'Université de Nice-Sophia Antipolis, laboratoire LIRCES, qui a pris en charge le premier chapitre

Marie-Laure Acquier, MCF de littérature et civilisation hispaniques à l'Université de Nice-Sophia Antipolis, laboratoire LIRCES

Marc Marti, Professeur de littérature et civilisation hispaniques à l'Université de Nice-Sophia Antipolis, laboratoire LIRCES

qui ont avec tant de gentillesse et de disponibilité pris sur leurs travaux courants le temps de traduire les trois premiers chapitres de cet ouvrage.

(La traduction pour la deuxième partie avait été réalisée en son temps par Bernard Lacombe, Margarita Magaña et Mamadou Si qui se trouvaient en poste tous trois à la UAM Xochimilco comme enseignants chercheurs.)

Ils remercient également les deux faiseurs du livre : Bernard Lacombe pour son travail d'éditeur par la mise en page et la finalision de cet ouvrage et S'Calpa pour la couverture.

Ils rappellent que le fond de la couverture ici est un des tableaux que Phil Kelly, peintre mexicain, avait réalisé pour illustrer le premier ouvrage sur Chalco qui est résumé en seconde partie.

Les auteurs remercient également les membres de l'équipe UAM-Orstom qui avaient réalisé l'enquête qui fait l'objet de la seconde partie. Leur amitié va particulièrement à leur collègue enseignant-chercheur Rogelio Martinez Flores pour sa générosité coutumière en matière de collaboration de travail.

Enfin, ils remercient Stéphane Pouffary, directeur de la collection *Ressources renouvelables et sociétés en transition* des Editions de L'Harmattan de les accueillir dans sa toute fraîche collection. Puisse cet ouvrage leur porter chance à tous deux.

Pr. Sonia Comboni Salinas & Pr. José Manuel Juárez Núñez

Xochimilco-México

Observation

Nous dénommerons El Valle de Chalco sans traduire l'article en français la ville actuelle. Parfois, nous désignerons cet ensemble par ses deux abrévations possible : El Valle ou Chalco, ou encore la Vallée… Ou encore Chalco-Solidarité… Ceci est valable pour la première partie, qui prend date des nouvelles dénominations administratives, dans la seconde partie El Valle de Chalco est simplement Chalco ou Valle de Chalco

Ces imprécisions de dénomination tiennent au fait que Chalco a été le centre d'une expérimentation sociale et administrative (le programme Solidaridad, justement), alors même que les deux auteurs de cet ouvrage et d'autres chercheurs en sciences sociales et environnementales, s'y intéressaient dans les années 1990 *et sq*. C'est ainsi que peu après naissait le projet scientifique conjoint entre la UAM Xochimilco et l'Orstom-IRD que la Commission Européenne finança. Ces différents intérêts ont amené ces évolutions de dénomination. Mais c'est toujours de la même ville satellite de México, Chalco, dont nous parlons, du nom de l'ancien lac asséché sur lequel une forte immigration s'est déversée depuis les années quatre-vingt.

On trouvera dans l'ouvrage cité en référence, *Polvo y Lodo*, la liste des intervenants chercheurs et institutions, ainsi que celle des documents, cartes, rapports et ouvrages produits. Nous ne reprenons pas cette liste ici.

Première Partie

Chalco aujourd'hui

Chapitre 1

El Valle de Chalco à l'aube du III° millénaire

Version française à partir de la version originale en espagnol (Mexique) par Christine Di Benedetto, MCF de littérature et civilisation hispaniques à l'Université de Nice-Sophia Antipolis, laboratoire LIRCES.

Dans l'esprit de beaucoup revient l'image d'un lac, dont les eaux sont parties à travers les grilles d'égouts et à la place, a surgi une ville moderne aux rues droites et goudronnées. Comme dans un mirage, le lac a été remplacé par la ville qui a surgi d'entre ses eaux. Tout rêve prophétique serait dépassé par l'agissement inquiet de l'homme.

(Jaime Noyola, 1999)

[Dépliant sur Chalco, H. Ayuntamiento, Valle de Chalco Solidaridad]

« El Valle » dix ans après

Dix ans après avoir réalisé une importante recherche conjointement, des chercheurs de l'ancien ORSTOM (aujourd'hui IRD, Institut de recherche pour le développement, basé à Marseille) et de l'Université Autonome Métropolitaine (Universidad Autónoma Metropolitana), Unité de Xochimilco, basée à Mexico, dont les résultats seront évoqués en seconde partie, nous observons un nouveau El Valle de Chalco, héritier de son passé mais à la recherche de son avenir. Les actions suscitées par cette étude figurent dans le programme nommé : SOLIDARIDAD lancé par le gouvernement en vigueur durant le mandat du dernier président du Mexique, celui-là même qui promit de porter le pays au seuil du Premier Monde par le biais du Traité de Libre Echange Nord-Américain, par lequel le pays s'ouvrait au monde et entrait dans le flot de la globalisation et l'ouverture commerciale qui lui est liée, sans prendre en compte le chômage qui en résulterait.

El Valle de Chalco a représenté l'image de ce qu'était le pays et qu'il continuerait à être pendant de nombreuses années : un village qui tente de surgir des eaux (Jaime Noyola, 1998). Les assauts des crises économiques et des vagues populaires de colère ont empêché l'apparition de progrès et l'on vit actuellement dans la nostalgie de l'aide gouvernementale. Le dernier des "empereurs" du PRI (le Parti révolutionnaire institutionnel), l'ex-président Zedillo, a créé le programme PROGRESA : Programme de Soutien à l'Agriculture, l'éducation et la santé pour les paysans et indigènes ayant les plus basses ressources économiques. Mais ce programme n'arriva pas jusqu'aux habitants de ces villes en construction puisqu'ils ne sont plus des paysans et pas plus des indigènes qui seraient définis par leur seule misère.

Le programme SOLIDARIDAD (Solidarité) a été lancé par Salinas de Gortari avec, en prévision de financement, les ressources obtenues de la vente des entreprises (*paraes-*

tatales) et la privatisation d'entreprises comme Téléfonos de México, qui appartenait à l'État. Le souvenir de ce programme est resté marqué pour toujours dans l'histoire de l'État de Mexico, étant donné que la dernière action de Carlos Salinas a été d'ériger la commune de "Valle de Chalco Solidaridad", le 30 novembre 1994, à laquelle a débuté la vie indépendante des habitants de El Valle de Chalco.

Ville sortie des eaux, El Valle de Chalco est une ville pluriculturelle : continuent à y arriver des habitants de tous les États de la République, parmi lesquels des membres de 44 groupes ethniques sur les 56 qui existent dans le pays. En particulier des gens de la Mixteca, située dans l'État de Oaxaca, et dont le revenu *per capita* est parmi les plus bas du pays.

A une décennie de distance les changements sont visibles pour le chercheur. Pour les habitants, c'est le souvenir d'un passé de luttes et d'attentes. Pour les scientifiques, c'est un itinéraire à travers un territoire poussiéreux ou boueux, selon la saison, sèche ou des pluies, aujourd'hui en partie modifié par l'introduction de l'asphalte. Pour celui qui y vit, c'est le rêve prophétique atteint en deux décennies : patrimoineet héritage, implantation et foyer, territoire et identité, souffrances et satisfactions, tristesses et joies, insécurité et confiance.

Vingt ans plus tard

Vingt ans ont passé depuis l'arrivée des premiers à peupler le territoire connu comme El Valle de Chalco , vieux terrains communaux dont les terres furent envahies, commercialisées et urbanisées sur une longue période, deux décennies, au prix d'une lutte citoyenne permanente et sans quartier contre le temps, les phénomènes naturels, la bureaucratie et l'injustice sociale qui règne dans une nation qui n'a pas su protéger ses enfants et leur offrir sécurité, éducation, emploi et santé. Un régime de parti qui n'a vu dans le besoin des pauvres gens qu'un filon de voix pour les élections en échange de promesses non remplies, qui a gouverné pendant 70 ans sans réussir à éradiquer la misère ni l'ignorance de beaucoup de citoyens, malgré les résultats obtenus. Pour cela, la lutte, la protestation et la prise d'assaut des terres des « sans logement », les mouvements urbains populaires en faveur du logement et l'occupation « coûte que coûte » de domaines comme ceux de El Valle de Chalco. Aujourd'hui, le panorama est différent, l'horizon apparaît plus dégagé bien que les gros nuages n'aient pas disparu. La propriété de la terre a été obtenue et certains sont en voie de l'obtenir ; mais elle est déjà leur, elle constitue déjà un patrimoine, elle peut être donnée en héritage, et surtout, elle est un foyer. Il manque beaucoup de logements ; le recensement effectué par les autorités en 1998 faisait apparaître un déficit de 30.000

logements, pour réduire le surpeuplement et offrir un logement digne à la population. Déficit qui, s'il n'est pas comblé dans les prochaines années, continuera à grandir, comme il grandit au niveau national.

Vingt ans après, il convient de faire un bilan et de cesser de regarder vers l'avenir, voir ce qu'on a dans le présent et ce qui a été amélioré par rapport au passé.

Population et territoire

Le peuplement d'El Valle de Chalco a été vertigineux ; en 1997 on comptait 500.000 habitants reconnus officiellement par les autorités municipales. L'attraction de la Ville de Mexico sur les habitants du pays, même si elle a diminué considérablement lors des 20 dernières années, ne cesse d'exercer sa fascination aux yeux affamés d'une grande quantité de citoyens plongée dans la pauvreté extrême. El Valle est toujours un aimant pour ces immigrants et un refuge dans leur errance à la recherche d'une vie meilleure.

Le nombre d'habitants est également réparti entre hommes et femmes : 50.27% et 49.63% respectivement.

La population d'El Valle est majoritairement jeune : 37% ont moins de 15 ans ; 30% a de 15 à 29 ans ; et 24% correspond à la cohorte de 30 à 49 ans.

La commune se divise en 33 colonies. Bien qu'aujourd'hui elle ne soit pas autosuffisante et se trouve en sous-développement, puisqu'il n'y a pas d'équilibre entre la croissance de la population et celle du secteur productif, la proximité avec le District Fédéral continue à être sa planche de salut, étant donné qu'une grande partie de la main-d'œuvre disponible, abondante et bon marché, se déplace quotidiennement vers la capitale pour gagner les quelques pesos qui lui permettent de survivre et de continuer à lutter pour une existence plus satisfaisante.

Niveau socio-économique

Le niveau socio-économique de la population est bas et peut relever de la pauvreté et de l'extrême pauvreté, même s'il existe une catégorie sociale, située dans le secteur du commerce et de l'industrie, qui dispose de moyens plus que suffisants pour mener une vie confortable. Ces membres sont les moins nombreux, mais ils existent. Dans cette situation, il faut prendre en compte l'influence des conditions générales du marché du travail dans le pays et des revenus limités des ouvriers et employés. Le SMIC pour 2002 se situe dans la région autour de 42,15 $ Mexicains (soit 4 dollars et 40 cents). Or une grande partie de la population ne parvient pas à disposer de deux salaires minimum et une proportion importante se trouve au-dessous du salaire minimum. Sur ce point, la réalité n'a pas beaucoup évoluée par rapport aux années 90. Ceux qui ont pu respirer un peu sont les petits commerçants qui réussissent à avoir des revenus supérieurs aux revenus minima que l'on trouve dans la région.

L'absence de sources d'emploi a donné lieu à l'éclosion de petits commerces, marchés et au fleurissement de petits commerçants, ce qui en est train de donner de la vie à l'économie de la région. Bien que les emplois aient augmenté dans le secteur des services, ils sont encore insuffisants pour retenir dans la zone la population économiquement active et l'exode vers la Ville de Mexico est vécu tous les jours avec sa charge d'angoisse et de fatigue, car El Valle dépend de la ville centrale de ZMCM pour faire vivre et approvisionner ses habitants…

On ne peut pas affirmer qu'il y ait une grande qualité de vie au quotidien, étant donné que la pollution de l'air et du sol persiste, bien que dans une mesure moindre qu'il y a dix ans.

El Valle de Chalco est une ville surgie des eaux à deux titres. D'abord parce qu'elle est implantée dans le lit d'un lac ; ensuite parce que ses limites sont fixées sur les parties nord et orientale par un fleuve qui charrie des eaux noires, le Río de la Compañía. (On l'appelle le Río de la Compañía parce qu'il servait d'évacuation pour les eaux usées de l'usine de papier implantée à Ayotla, village situé au nord de El Valle. Dans ces années-là, il comportait des vannes qui régulaient le volume de l'eau qui passait à El Vallr et était utilisée par les *ejidatarios* pour l'arrosage de leurs maigres récoltes de betterave. Ces vannes furent dynamitées lors d'un des conflits qui eurent lieu pour la possession de la terre, ce qui provoqua l'inondation de la colonie Alfredo del Mazo. Suite à cela, les vannes furent remplacées par des sacs de sable. Avec le temps, se forma une digue qui contenait le cours des eaux.). A différents moments et pour diverses raisons, il a débordé, inondant une partie de « El Valle » et provoquant la panique parmi la population qui, malgré tout cela, occupe toujours les terres arrachées aux marécages, restes de l'ancien lac de Chalco.

Communications et transports

Actuellement, toute implantation humaine sur le territoire national, proche des villes ou des chefs-lieux, dispose rapidement de transports. Le sens du commerce des transporteurs les fait aller mà où il y a des gens à transporter, produisant par cela la consolidation de l'occupation du territoire bien avant que la propriété des domaines soit légalisée et même avant que ne débute un processus de construction formel et de consolidation de l'urbanisation. C'est l'un des phénomènes qui ont été observés à El Valle et qui constituent un paradigme pour beaucoup d'autres implantations : le transport joue le rôle de consolidateur dans la colonisation des zones populaires. Ce sont les transporteurs qui tracent, dans la pratique, les chemins qui seront utilisés comme itinéraires pour les transports et qui développeront les voies de communication. Pour cette raison, il existe un réseau de communications avec les villes environnantes et le D.F.

(prononcer le *Dé-èfé* le District Fédéral). Les voies sont d'une qualité acceptables et permettent un mouvement et une circulation rapides des personnes et des marchandises ; cependant les tronçons internes sont déficients, en mauvais état et rendent difficile une circulation libre. En 1996, on comptait 12% de tronçons goudronnés et 40% de ceux-ci étaient fortement détériorés, rendant malaisé et peu fluide le trafic des véhicules.

Les moyens de communication sont toujours déficitaires : les réseaux téléphoniques ne sont pas suffisants et il n'y a qu'un seul bureau de poste pour le courrier et un autre pour les télégrammes. Le paysage urbain apparaît couronné d'antennes de télévision. C'est elle qui constitue le divertissement et le loisir des pauvres.

Fermes et courageux face aux assauts du destin

La fin du XX° siècle et du II° millénaire a aussi apporté sa vague de désastres : les pluies intenses ont provoqué l'ouverture d'une brèche sur le talus de soutènement, raison pour laquelle les eaux ont une nouvelle fois inondé les colonies situées en bordure de l'autoroute Mexico-Puebla.

La dernière crue remonte à l'an 2000, du fait des intenses pluies qui augmentèrent considérablement le débit des eaux et du manque d'entretien du talus ; par conséquent celui-ci céda et les colonies du nord-ouest de El Valle furent inondées. Des milliers de personnes restèrent démunies, car les eaux montèrent jusqu'à deux mètres de hauteur entraînant les baraques et les biens de nombreuses familles, et détruisant des centaines de maisons.

Se souvenant des premières années de la colonisation de la zone, une pionnière raconte :

> *Les premières années, eh bien ! en vérité, ce fut très dur, car chaque fois que c'était la saison des pluies, ils ouvraient les vannes de différents endroits pour nous envoyer l'eau ici... parce que nous, ici ils voulaient nous faire aller ailleurs et donc, nous devions aller travailler, tous, pour faire cette... ces bordures avec des sacs ... pour éviter que l'eau ne nous vienne dessus.* (Noyola, 23)

Ils durent procéder de la même manière cette fois-ci pour sauver leurs vies et leurs biens, et la propriété qui leur a demandé tant de sacrifices .

> *Ça n'a pas du tout été facile de vivre ici... il n'y avait aucun service... par exemple... l'eau, la lumière... ce qu'il y a de mieux quand on arrive à vivre à Valle de Chalco c'est qu'on parvient à se forger un caractère et grâce à ça à s'en sortir ».*
> *Interview* Madame Antonieta, *28 juillet 1999*

Espace social et vie quotidienne

Madame Antonieta et sa famille habitent El Valle de Chalco depuis 21 ans. Ils font apparaître un intéressant processus d'identification, lequel, si on ne peut pas encore le considérer comme une identité propre, manifeste cependant leur appropriation du terroir. Pour cette raison, ils entretiennent des relations interpersonnelles avec leurs voisins pour s'organiser et lutter afin d'obtenir des améliorations dans leur vie quotidienne et des transformations dans leur espace social. Il ne s'agit plus à présent de la lutte pour la terre, pour l'eau ou pour l'électricité, mais de la lutte pour obtenir des conditions de vie de meilleure qualité. Cette représentation sociale se base sur un imaginaire collectif qui l'encourage à chercher à atteindre des objectifs de plus en plus élevés pour la vie quotidienne. C'est pourquoi lorsque nous lui avons demandé : « Qu'est-ce qui vous pousse à vivre ici ? » Elle répond profondément émue :

> *« Eh bien... là maintenant... l'éducation de mes enfants et puis maintenant on a un terrain. C'est déjà une motivation pour vivre à « El Valle de Chalco », en plus du fait que maintenant on s'est habitués au style de vie et qu'on connaît les gens qui vivent ici et je pense que si on revenait au village ce serait trop difficile de recommencer ».* (Idem)

Depuis la fondation de Chalco, 20 ans se sont écoulés, et c'est comme dans les œuvres d'Alexandre Dumas. Ce n'est pas pareil dans *Les Trois Mousquetaires* que dans *Vingt ans après*. On perçoit le changement, la transformation d'une ville, paradoxalement plus vieille, mais plus dynamique, joviale et avec des possibilités pour une vie qui lui soit propre. Tout comme il convient à une société nouvelle, pleine d'espoir, qui occupe son territoire propre, et qui construit un espace urbain digne de ce nom et un espace social plein de relations, d'intérêts, de luttes pour le pouvoir et d'illusions dérivées d'un imaginaire collectif qui laisse entrevoir l'avenir avec optimisme.

Une des personnes avec lesquelles nous nous sommes entretenus répondait à nos questions avec enthousiasme quant à la vie et au plaisir de lutter pour améliorer ses conditions de vie.

Q. Vous vous sentez bien dans votre vie ici ?
R. Oui... depuis le moment où je suis arrivée je me suis sentie comme je me sentais autrefois à Zacatecas, lorsqu'on se sent sûr du lieu où on vit.
Q. Qu'est-ce qui vous manque de votre village ?
R. Rien !
Q. Rien ?
Q. Quelles sont vos motivations pour continuer à vivre ici à Valle del Chalco ?
R. Eh bien... comme je vous l'ai dit... je me sens bien ici... je me sens bien depuis le début, malgré les manques que nous avons eus.

Plus tard, au cours de l'entretien, elle nous dira :

Il faut savoir travailler pour ce qu'on veut, on ne doit pas s'avouer vaincus pour quelque problème que soit, aussi grand soit-il. On obtient ce qu'on recherche en travaillant et en luttant on réussit des choses qu'on voit ensuite se refléter dans ses enfants... et c'est là qu'on ressent une vraie satisfaction.

Ces acteurs renferment en eux l'espoir d'une amélioration dans leur vie ; bien qu'ils ne soient pas conscients que l'obtenir signifie monter dans l'échelle sociale, en revanche, ils savent que cela se traduit par un bien-être qui n'est pas comparable à celui qu'ils ont laissé quand ils ont émigré. Il est clair pour eux que vivre à El Valle de Chalco leur a permis de résoudre beaucoup de problèmes matériels de leur existence ; cela leur a aussi donné la possibilité de nouvelles pratiques qui tendent à une ascension sociale intergénérationnelle, c'est-à-dire, pour leurs enfants. C'est pourquoi leur stratégie est celle de l'investissement dans le domaine de l'éducation et de la culture. Cela s'accompagne d'une éthique de l'effort, manifeste dans leur décision de faire face à la situation de déficience économique avec du travail et de l'abnégation, et qui peut parfois revêtir l'aspect d'une auto-exploitation, afin d'atteindre les objectifs qui se sont présentés à eux dans le cours historique de leur trajectoire sociale.

A la recherche de leurs racines et de leur identité

Les colons arrivés à « El Valle » depuis divers points du pays apportent avec eux leur culture, coutumes, croyances et pratiques sociales particulières, en dépit de la base commune du christianisme, qu'il soit d'origine catholique ou protestante. Le syncrétisme religieux est l'une des causes de ces différences culturelles. Cependant, tous cherchent une nouvelle identité qui les rapproche de leurs voisins malgré la limitation des échanges due à un milieu semi-urbain. Toutefois, la similitude des problèmes affrontés conjointement est ce qui les identifie, car, en percevant l'autre comme quelqu'un qui lutte pour « ce pour quoi moi aussi je lutte », cela permet de créer des sentiments d'empathie qui se traduisent par la solidarité et l'acceptation de l'autre dans sa diversité, parce que cette acceptation se fonde sur l'objectif commun de la lutte.

Dans ce sens, Madame María del Rosario, 48 ans, interprète son expérience en termes d'identification avec les voisins sans que ne compte le lieu d'origine :

> *Q. Vous n'avez jamais eu de problème ?*
> *Q. Les voisins sont très unis ?*
> *R. Disons que pour les voisins, chacun s'occupe de ce qui le concerne. Nous n'avons pas de problème, ni de difficulté d'aucune sorte.*
> *Q. J'ai remarqué que, dans votre colonie, les habitants viennent d'endroits différents.*
> *R. C'est vrai...nous avons des voisins de beaucoup d'endroits... presque dans tous les cas que je connais, ils sont venus chercher un bout de terrain.*
> *Q. Comment vous entendez- vous avec eux, bien, mal, normal ?*
> *R. Mais bien ! Eh oui, parce que comme on n'entre pas dans l'intimité des autres, il n'y a rien de plus que bonjour ! et au revoir ! De temps en temps on a des réunions, mais nous n'avons jamais eu aucun problème. Les raisons qui nous ont fait venir ici sont très semblables et nous nous ressemblons pour ça.*

Ce processus d'identification à travers la lutte débouche

sur une perception d'unité dans la diversité :

> *...nous sommes différents mais nous nous retrouvons dans la coïncidence des intérêts ; alors nous sommes unis.*

Cette représentation de l'unité sociale donne comme résultat un imaginaire qui regroupe aussi bien le contexte du discours que le contexte social, c'est-à-dire qu'elle situe l'individu et le groupe dans le domaine social, ce qui permet l'élaboration d'une identité sociale et personnelle gratifiantes, donc compatibles avec le système de normes et valeurs socialement et historiquement déterminé (Abric, 1994 :16[1]). Ainsi, ils s'adaptent aux normes et aux valeurs sous-entendues ; *chacun s'occupe de ses affaires*, on respecte l'intimité de l'autre comme une norme tacite ; la discrétion est une valeur très appréciée, mais la coïncidence des motivations joue le rôle d'identificateur dans le processus de comparaison sociale. A cet égard, Jean-Claude Abric (1996) mentionne que la référence à quelques-unes des représentations qui définissent l'identité d'un groupe va jouer, d'un autre côté, un rôle important dans le contrôle social exercé par la collectivité sur chacun des membres, en particulier sur le processus de socialisation. La représentation sociale, donc, intervient directement sur la définition de la finalité de la situation, déterminant a priori, le type de relations pertinentes pour

---

[1] Jean-Claude Abric, 1994, *Pratiques sociales, représentations*, Paris, PUF

le sujet et le comportement à suivre face aux autres membres du groupe.

La population de la resignification de la culture

Les habitants de El Valle de Chalco originaires de lieux différents ont fait leur cette nouvelle ville. Ils renvoient d'elle une image jeune, rénovée et en pleine croissance, malgré ses rues poussiéreuses – pour la plupart –, et ses grandes avenues goudronnées ; avec ses maisons que chacun bâtit soi-même et qui font oublier les logements précaires qui abritèrent les premiers colons. C'est la ville de la culture ; elle compte un Chœur d'Enfants Chanteurs de El Valle de Chalco ; 7 bibliothèques couvrent déjà une grande partie du territoire suscitant le désir de savoir et de la connaissance chez les enfants et les jeunes, qu'ils soient ou non originaires de El Valle. Ils sont dégagés des soucis de manque d'eau, de lumière, de transports, de drainage, qu'ont eus à affronter leurs aînés.

La population est avide d'éducation : 70 jardins d'enfants, publics et privés ; 51 écoles primaires et 32 secondaires ; 10 lycées, classes préparatoires et écoles techniques ; 4 écoles d'informatique s'occupent de milliers d'enfants et de jeunes. Une annexe de l'Université Autonome de l'État de Mexico s'est implantée sur le territoire, proposant quatre cursus universitaires. Le centre communautaire Juan Diego, dépendant de l'Institut de la Patrie (Instituto de la Patria), fondé il y a dix ans, continue à diffuser des activités culturelles, même s'il existe déjà la maison municipale de la culture où l'on propose des cours d'instruments de musique, de danses régionales et il dispose d'un musée sur place. Il y a aussi le Module Culturel José María Velasco, de l'Institut de Culture de Mexico, la Maison du Troisième Age du DF où se tiennent des ateliers de danse et d'artisanat ; et l'Ecole des Beaux-Arts de Puente Rojo, située dans la zone Avandaro (Noyola, 1999). Cependant, il faut construire des maisons de la culture dans les colonies pour parvenir à encourager l'intérêt général pour l'art et le développement intellectuel.

L'analphabétisme, selon le recensement de population effectué par l'INGI en 1995, est de 8,5% de la population, dépassant la moyenne nationale, qui s'élève à 7,1%.

D'autre part, du point de vue religieux, les différentes confessions sont acceptées. Il existe un nombre considérable d'églises : 35 catholiques, 21 pentecôtistes, 9 témoins de Jehovah, 8 évangéliques, 4 chrétiens, 4 de Jésus-Christ des derniers Jours (Mormons), une presbytérienne, une du Verbe Incarné, 1 du Prince de la paix, une de l'Esprit Saint, une du Nom de Jésus et une synagogue pour le rite judaïque. Jusqu'à présent, la tolérance a toujours été une caractéristique de El Valle de Chalco, contrairement à d'autres régions où l'animosité entre les catholiques et ceux qu'on appelle de manière générique les chrétiens a provoqué des affrontements et des morts.

Des services généraux, tels qu'une caserne de pompiers, des hôpitaux, des stations-service et les bureaux centraux de la municipalité, avec tous les services de l'administration publique, rendent la vie un peu plus sûre. L'implantation de succursales bancaires démontre la confiance du système financier en le développement économique de la municipalité. Cependant, il manque des installations sportives, même si sur le secteur oriental sud on a construit la ville du sport, même s'il existe 42 associations sportives qui organisent des tournois de soccer, football, basket-ball et volley-ball. Il n'y a pas non plus suffisamment d'espaces verts ni d'installations récréatives.

Identité et imaginaire social dans une ville émergente

El Valle de Chalco a cessé d'être une banlieue de plus de la Zone Métropolitaine de la Ville de Mexico pour devenir une implantation en voie de consolidation urbaine. C'est-à-dire qu'elle comprend en même temps des processus de construction et de reconstruction, d'occupation, de transformation et de modelage selon les nécessités, les goûts et les connaissances écologiques des dirigeants de la ville ; de déconstruction et de construction de l'identité, individuelle et collective, dans un tissu social en formation. Identité sociale et construction de l'espace social dans un espace urbain en devenir sur un territoire émergent et marginal, constituent des aspects d'un même mouvement d'intégration sociale et de création d'une communauté de quartier, de colonie et de ville. C'est ce qui confère l'unité sociologique à El Valle, tout en conservant la diversité que chaque colonie garde. Il y a celles qui sont en processus de colonisation, déjà considérées dans la ville comme marginales, minées par la pauvreté de leurs habitants, de nouveaux immigrants, victimes du chômage, de la délinquance, et souvent, de la drogue, dans lesquelles la solidarité et l'association des colons seraient les deux premières formes de lutte contre une marginalisation qui détruit le tissu social ou empêche sa formation. On en trouve d'autres que nous pourrions qualifier de niveau de développement intermédiaire où l'asphalte au sol est insuffisant, où les maisons sont construites petit à petit par les habitants eux-mêmes. Enfin, celles qui disposent de quasiment tous les services et sont en voie de consolidation, tant au niveau de l'habitat qu'à celui du développement urbain s'occupent déjà d'autres sortes de problèmes, comme la légalisation de la propriété, l'éducation des enfants, les soins sanitaires. Ces acteurs occupent une position sociale conforme à leur situation économique et leurs emplois. Ces situations concrètes d'existence dans la ville en construction donnent lieu à différentes sortes de vies. A leur tour, elles donnent lieu à des pratiques sociales qui sont la base de l'établissement de nouvelles expressions culturelles qui permettent de donner une identité à une société qui a comme première caractéristique le lieu géographique, mais qui est en devenir, en train de construire une société aux multiples composantes et qui est en mouvement, à la recherche de son avenir et cherchant à construire son histoire.

Le symbole de l'identité de El Valle de Chalco

Ce travail ne serait pas complet si nous n'évoquions pas, même de manière sommaire, l'emblème qui a été accordé à El Valle de Chalco, le 30 novembre 1994, jour de sa naissance en tant que municipalité indépendante. Sur le blason, est un peu résumée l'histoire de cette implantation humaine, qui lutte pour son avenir, travaille pour obtenir un meilleur niveau de vie et atteindre un confort de base. Ce qui fera de cette « Vallée » (Valle), non seulement celle de la Solidarité (Solidaridad), mais aussi celle de l'Unité, qui occupe un territoire peuplé à l'origine par un groupe indigène, qui est aujourd'hui peuplé d'habitants venus de différentes parties de la République et qui abrite en son sein des membres de 44 groupes ethniques du pays.

Le blason, ou le symbole emblématique de la municipalité de El Valle de Chalco Solidaridad est un dessin composé de deux glyphes d'origine pré-hispanique et une création (un logotype) contemporain. Le premier correspond au glyphe de Xico ou Xicco, *xitli*, ce qui signifie littéralement nombril, et dont l'original se trouve à la *Matrícula de los tributos*. Le glyphe contient au centre le cordon ombilical. Le deuxième élément est le glyphe nahuatl de *calli* qui signifie maison ou maisons et qui peut être lu comme des maisons à habiter. Le troisième élément est le logotype qu'a utilisé le Programme National Solidarité (Solidaridad) pour construire et donner forme à la nouvelle ville de El Valle de Chalco Solidaridad. Les trois réunis signifient : ***La maison – la zone de peuplement ou la ville – qui s'est établie à côté de la colline de Xico et qui s'est créée – ou s'est fondée – grâce à la solidarité de ses habitants***.

Le glyphe de Xico est orné de trois couleurs : au centre, du vert, pour le cercle du centre, du jaune, et pour le cercle extérieur, la couleur rouge. Le glyphe nahuatl de *calli* est peint en blanc. Au pied du glyphe *calli* se situe le logotype utilisé par le programme de solidarité du gouvernement fédéral, lequel donne une identité à la communauté, celle du *travail solidaire*, avec les couleurs nationales (Noyola, 1999).

Conclusions

Il y a dix ans, on disait que l'objectif des autorités de l'État était de faire de El Valle le miracle urbain des années 90, comme Netzahualcoyotl l'avait été dans les années 60. Il nous semble que ce miracle ne s'est pas produit mais qu'en revanche il y a bien eu des avancées importantes qui nous permettent de parler aujourd'hui d'une révolution urbaine si l'on prend en compte l'évolution de la société de El Valle del Chalco qui, de communauté, est en train de devenir ville. Pourtant, la révolution urbaine n'est pas une transformation violente mais le résultat d'une série d'actions historiques qui apportèrent des changements urbains, politiques et économiques et, sans aucun doute, des changements culturels du fait de l'entrée massive de la population à l'école et de la recherche de symboles qui les identifient dans l'univers des communes de l'État et de l'ensemble de la Nation.

Il existe des bâtiments-monuments qui peuvent être le symbole de cette révolution : le Palais Municipal (Palacio Municipal), centre du pouvoir politico-administratif, qui dispose de 12 délégations, réparties sur le territoire municipal ; et la Cathédrale, église qui fut construite à l'endroit où le Pape Jean-Paul II célébra la messe lors de sa deuxième visite à Mexico. Comme centre du pouvoir religieux, il a des antennes dans chaque paroisse. Le Centre Commercial Gigante (*Géant*) est devenu le centre économique de la commune. D'autres institutions d'importance sont les hôpitaux, la caserne des pompiers et, sans nul doute, le centre culturel Juan Diego, ainsi que les nombreuses écoles réparties dans l'espace urbain.

Tout cela fait de El Valle le fruit d'une authentique révolution sociale et urbaine. La société de la connaissance est encore loin de ce lieu, mais pas hors de portée de ces citoyens aux attentes nombreuses et désireux de pénétrer dans la modernité, même s'il s'agit de celle du Tiers-Monde. L'apparition d'une ville apporte toujours avec elle une différenciation sociale et la création implicite d'une structure sociale de classes et des relations de domination de classes, même si celles-ci passent parfois inaperçues, surtout parce qu'elles se manifestent comme une opposition entre campagne et ville. Les nouveaux immigrants arrivent de la campagne et s'affrontent avec ceux « arrivés avant » et avec les immigrants provenant d'autres villes, qui eux sont « urbanisés », de culture urbaine. Cette réalité a fait que la « communauté originelle » des premiers immigrants, organisés pour lutter pour la propriété de la terre et l'introduction des services urbains se brise du fait de l'arrivée d'autres immigrants, certains pauvres, d'autres avec des ressources, mais en opposition avec les valeurs créées par les premiers colons.

> *Ils ne savent plus ce qu'est ne pas avoir d'eau... ils n'ont pas lutté pour avoir l'électricité... ils croient que parce qu'ils ont de l'argent ils peuvent nous traiter avec mépris, alors que c'est nous qui avons lutté pour obtenir ce que nous avons.*

C'est ce que disent, avec bien d'autres choses, les premiers habitants de la fondation urbaine. Au contraire, les nouveaux arrivants manifestent leur indifférence face à tous ces efforts, aux valeurs qui ont été forgées dans la lutte commune, ce qui accentue l'individualisme, toujours présent même chez les premiers colons, mais qui se manifeste ouvertement dans ces déclarations :

> *Moi, je ne vois pas pourquoi je devrais aller à des réunions de copropriétaires. J'ai acheté et mes droits de citoyens sont protégés... Je ne dois rien à*

> *personne, vu que le terrain moi je l'ai acheté, je ne l'ai pas envahi, et on ne me l'a pas offert non plus, je sais ce que ça m'a coûté.*

dans une nette allusion aux premiers colons. Evidemment cette attitude crée un malaise et peut engendrer de l'animosité sociale et des divisions internes entre les habitants. Les derniers arrivés sans ressources souffrent aussi du mépris des autres des deux autres secteurs et le niveau de développement de leurs colonies est encore précaire. Certains vieux habitants réagissent comme des nantis : ils ont l'impression que les nouveaux viennent leur enlever les rares opportunités d'emploi et qu'ils augmentent le niveau de délinquance dans la zone. Ainsi, l'urbanisation crée progressivement la séparation des classes sociales : l'occupation du territoire permet maintenant de distinguer les uns des autres et favorise la structuration sociale de la société de El Valle de Chalco.

El Valle apparaît en tant que ville, non pas autour de l'industrie ou d'une infrastructure productive définie, mais comme cité-dortoir. Ensuite, elle s'organise autour du commerce : s'y échangent des biens et des services quoique de manière très limitée et en vue de la survie. La création de l'administration locale a favorisé la capacité créative de la population et pour cela *le plan de développement municipal* prétend la doter d'une infrastructure productive qui crée des emplois dans la zone et rende possible le développement autonome de la commune.

La création de la municipalité entraîne la structuration du pouvoir institutionnel qui tente de rompre avec le pouvoir des caciques et des petits chefs du mouvement urbain, détenteurs implicites du pouvoir, avec lesquels les partis politiques doivent négocier pour bénéficier de l'appui d'importants secteurs de citadins lors des votes pour l'élection des représentants locaux, de l'État et du pays. Le pouvoir central est nécessaire pour organiser la vie de la ville. El Valle de Chalco Solidaridad a réussi des avancées significatives depuis sa naissance à la vie indépendante de commune. Il reste beaucoup à faire, beaucoup à réussir, mais la vie quotidienne se transforme, se modifie et crée ses traditions et symboles identitaires. Le développement de ses forces productives est favorisé par l'expansion de la ville et par la qualité de l'espace politique. Par qualité de l'espace politique, nous entendons la capacité de gouverner des différentes autorités qui, sans distinction d'appartenance à un parti ou de vote aux élections, sachent s'occuper également des besoins de la population. Il est vrai qu'il y aura toujours des pressions sociales qui se manifesteront pour obtenir le revêtement de certaines rues du quartier. Mais il est fondamental d'obtenir aussi le plus grand bien-être pour la majorité de la population et pas seulement pour ceux qui habitent dans la rue où le chef a sa maison et cela, c'est le travail d'un gouvernement du peuple qui sache créer l'espace politique adéquat où la confrontation n'empêche pas le développement social de la collectivité.

Chapitre 2

Les héritiers de Quetzacóatl

Version française à partir de la version originale en castillan par Marie Laure Acquier, MCF de littérature et civilisation hispaniques à l'Université de Nice-Sophia Antipolis, laboratoire LIRCES.

Ici, il y a bien longtemps, il n'y avait pas de métis, seulement des indigènes au sang pur, mais tout d'un coup quand on a construit l'église et qu'il y a eu la fête, la tradition, la culture, alors les gens venaient de San Cristóbal, les gens venaient vendre leur sel, leur viande séchée, ils vendaient un coup à boire, de tout, des images pieuses de Saints catholiques aussi. Les indigènes disent qu'on appelait les métis kwual, c'est-à-dire qu'ils représentaient une autorité supérieure, un patron, parce qu'ils possédaient l'argent, quand un métis prêtait à un indigène une quelconque somme d'argent, et si celui-ci ne pouvait pas payer, alors le métis s'emparait de sa terre.

Les indigènes en Nouvelle Espagne

Le problème indigène au Mexique est une des idées rebattues qui a connu une permanence sans pareille dans l'imaginaire social des Mexicains. Car leur identité dichotomique dépend précisément de l'acceptation de leurs origines dont la diversité est issue du métissage entre l'élément espagnol et l'élément indigène. Ce sentiment ambivalent se retrouve en partie dans la figure de l'indigène en échec, méprisé et réduit à une minorité, celle de l'Indien toujours considéré comme le vaincu et l'exploité. Du côté des Espagnols, il y a la figure de l'hidalgo, pauvre hère méprisé et par le créole et par l'Espagnol de haute lignée. Néanmoins, comme l'affirme Jacques Lafaye, les origines du métissage biologique sont un lacis inextricable tout comme celles des pratiques religieuses syncrétiques. Par ailleurs, le métis était rejeté à la fois par les Indiens, par les Espagnols et par les créoles de lignée espagnole (où pour certains l'indianité s'était oubliée). De ce fait, il fut considéré comme un élément perturbateur dans la société qui s'était mise en place pendant la période coloniale. Avec le temps s'est forgé l'idéal de celui qui parvient au statut de dominant dans la nouvelle république – née du mouvement indépendantiste de 1810. Cet idéal est celui qui est à la fois héritier de l'héroïsme de Cuauhtemoc – vaincu dans une bataille honorable – et du courage des Conquistadors. Leur fusion donnant celui qui s'est formé d'abord en luttant pour sa survie, puis en conquérant son destin dans la lutte pour l'indépendance. Le métis va ainsi devenir l'expression de la mexicanité ; n'est-il pas issu de toutes ces origines obscures ? Et dans cette dynamique, il va reléguer l'indigène au plus bas de l'échelle sociale en devenant l'égal du créole.

État et indigénisme au Mexique

Pour comprendre la problématique de l'indigène dans la ville et au Mexique en général, il convient de rappeler de manière très sommaire les politiques indigénistes du gouvernement mexicain qui, dans une certaine mesure, reflètent les politiques des gouvernements latino-américains en la matière.

Nous devons partir dans un premier temps des conceptions de l'indigénisme qui ont présidé aux relations entre l'État et les ethnies, ou si l'on préfère entre la population indigène et celle qui ne l'était pas. Ces analyses ne sont pas nouvelles et sont débattues depuis longtemps, mais elles le sont toujours aujourd'hui et elles représentent un point de référence que l'on ne peut passer sous silence. De nombreux auteurs, parmi lesquels Stavenhagen ou Nolasco, pensent qu'il est nécessaire d'analyser l'indigénisme contemporain en considérant les groupes ethniques indigènes comme des forces sociales dynamiques qui revendiquent une place légitime dans la société contemporaine en termes propres et non selon des positions exposées par les idéologues politiques, les bureaucrates des gouvernements ou les missionnaires étrangers. Leurs travaux entendent dépasser des conceptions qui ont été dominantes pendant une bonne partie du XXe siècle en Amérique Latine et en particulier dans les pays dont la population autochtone est majoritaire comme en Bolivie, au Pérou, en Equateur ou au

Guatemala. Les processus d'indépendance du début du XIXe siècle ont accentué, selon plusieurs auteurs, la vision négative de l'Indien. Esteva (1996), Villoro (1996) au Mexique, Langer (1995) au Venezuela, Cárdenas, (1988) Albó (1988) en Bolivie, entre autres, considèrent que les politiques économiques, sociales et culturelles des pays indépendants mus par le désir de devenir des nations modernes, ont commencé à exclure leurs Indiens dès leurs premières constitutions instituées dans les 20 premières années du XIXe siècle. On les y considère comme des tribus ou des groupes sans aucun enracinement. Cette vision de l'Indien s'est généralisée pendant tout le XIXe siècle. Jamais il n'a été question d'inclure ces ethnies dans le projet de construction du pays, elles étaient plutôt considérées comme un obstacle au progrès. Selon Kleising-Rempel (1999 : 160), on est passé d'une position messianique proclamant que les Indiens devaient être sauvés de leur marasme grâce à une éducation apte à les préparer à être des citoyens responsables suivant le projet de nation mexicain, à une conception discriminatoire déterministe en vigueur au début du XXe siècle, dans laquelle il était affirmé que les Indiens avaient une moindre capacité à apprendre mais une grande aptitude à résister physiquement ; une idée qui, sous l'influence du libéralisme européen, s'est transformée en celle du retard des Indiens au développement et par laquelle s'impose la supériorité de la race blanche par rapport à la race indigène. (*Cf.* Langer, 1995)

Dans le même sens, certains auteurs s'accordent à signaler que des politiques indigénistes du XXe siècle ont émergé deux perspectives (Citarella et Chiodi, 1990 : 325 ; Esteva, 1996). La première, sans doute la plus répandue, est la politique d'assimilation qui consistait à assimiler les indigènes à la société issue de l'indépendance puis de la révolution grâce au statut de paysan. L'indigène n'était pas considéré comme membre d'un groupe ethnique mais comme faisant partie de la masse paysanne métisse dans le but de l'intégrer à la culture émergente grâce à un programme d'homogénéisation et de « castillanisation ». La seconde perspective, plus facile, bien que mobilisant plus de moyens, ouvre sur la création d'un Institut National Indigéniste où la SEP met en place des programmes éducatifs afin d'inclure les groupes ethniques dans le vaste flux de la société capitaliste dominante : c'est la politique d'intégration. A partir de là, sont formulés des projets et des programmes d'éducation pour les indigènes, avec la vision qu'ont les métis de ce qui convient aux Indiens pour entrer dans le système économique et culturel dominant imposé par les classes au pouvoir. Il résulte de cet état de fait un indigénisme paternaliste qui revêt une double forme : celle de la médiation corporative des politiques gouvernementales ou celle de la médiation civile assumée par les ONG. Dans les deux cas, ce qui convient ou non aux groupes ethniques est déterminé de l'extérieur et il leur est imposé des programmes de développement que les indigènes doivent accepter. Dans le domaine éducatif, une éducation pour les indigènes est pensée, planifiée, décidée depuis le centre national de la SEP ou dans les secrétariats d'éducation de l'État ; dans les autres pays, la réussite de l'intégration est soumise à des politiques d'apprentissage forcé du castillan dans lesquelles les communautés doivent appliquer ce qui a été jugé opportun utile et même nécessaire pour elles. Cette politique est marquée par l'émergence d'une nouvelle conception de l'indigénisme. Stavenhagen et Nolasco (1998) étudient ce que l'on a appelé le point de vue intégral dans l'indigénisme mexicain et qui procède des réflexions d'un groupe d'anthropologues et de linguistes dirigé par Mauricio Swadesh, s'appuyant sur l'expérience éducative menée à Carapan dans le Michoacan, pendant les années 1950.

Le zapatisme cherche à redonner leur dignité aux populations indigènes du Mexique, à leur octroyer la libre détermination et l'autonomie de sorte qu'il n'y ait plus jamais de Mexique sans les Indiens. Cette thématique a été récupérée par le Pape au cours de sa cinquième visite au Mexique, dans le discours qu'il a prononcé pour la cérémonie de béatification des martyrs d'Oaxaca : le Mexique a besoin de ses Indiens comme les Indiens ont besoin du Mexique.

Présence du monde indigène dans Mexico

Le monde indigène du Mexique est complexe, subtil et politiquement très conflictuel à cause des politiques indigénistes menées par le gouvernement mexicain depuis le XIXe siècle qui tendent à intégrer les Indiens dans le monde hégémonique occidental ; à cause des conflits interethniques qui se produisent au quotidien, en particulier entre groupes dont les terres sont voisines ; à cause également – en particulier à Oaxaca et dans le Chiapas mais aussi dans tout le Mexique –, de la cohabitation de groupes qui appartiennent à différentes confessions chrétiennes. Cette situation est due aux activités évangélisatrices des membres de l'Institut linguistique d'été, lequel a été expulsé du Mexique à l'aube des années 1980. Les missionnaires de l'Eglise de Jésus-Christ des Saints des Derniers jours, des mormons à l'origine, ainsi que les représentants d'une multitude d'églises chrétiennes en provenance des Etats-Unis ont pris le relais et ont proliféré dans tout le pays en particulier dans les communautés paysannes et indigènes.

Avec une ampleur moindre et une diffusion plus limitée, ce phénomène se produit également en ville principalement à cause de l'immigration des indigènes vers la ville de Mexico depuis le milieu du XXe siècle, mais aussi à cause de leur afflux dans d'autres villes de l'intérieur du pays. Au cours des 20 dernières années, cette immigration s'est produite dans les villes de la frontière avec les Etats-Unis comme Cuidad Juárez, Tijuana ou Monterrey, à cause des maquiladoras (usines de transformation) qui représentent une source d'emplois pour cette main-d'œuvre sans qualification qu'est en général la population indigène. L'immigration indigène est également entretenue par les emplois temporaires fournis par l'agriculture dans la région Nord-Est de Mexico qui attire les immigrés temporaires et leur famille avec tous les problèmes de logement, d'éducation et de santé que suppose ce mouvement annuel – auxquels s'ajoutent les problèmes d'intégration accrus par le racisme et l'intolérance d'une bonne partie de la population mexicaine.

Néanmoins, la nouvelle émergence de la culture indigène dans un pays qui se reconnaît officiellement comme multiculturel et pluriethnique offre de nouvelles perspectives aux droits humains, en particulier quantà ce que l'on a appelé les droits indigènes. Un de ces droits, et non des moindres, est le droit de faire vivre sa culture et ses traditions, de parler sa langue, d'accéder à un territoire, en un mot, c'est tout simplement le droit à l'identité.

Par exemple, le peuple de langue ayuujk (les Mixes de Oaxaca) est en train d'opérer une rénovation culturelle par des recherches sur ses racines et sa culture, non pas pour s'isoler mais plutôt pour récupérer ce qui lui est propre par rapport aux autres cultures. Ce faisant, les ayuujk-phones s'affirment en tant que culture, en tant que peuple et en tant que partie intégrante de la communauté mondiale. Et cela tout en récupérant une vision du monde fondée sur la relation homme-nature-société et représentée par les binômes : Terre-Vie, Humain-Peuple, Travail-Tequio (travail communautaire effectué gratuitement). On a là un exemple de ce qui est en train de se produire à des échelles diverses au sein de plusieurs ethnies – non dans toutes – du peuple des origines. Dans certaines parties du pays, ce mouvement sert d'alternative à l'émigration de la jeunesse.

Le monde indigène de la vallée de Chalco

La vallée de Chalco Solidaridad n'échappe pas à cette problématique puisque sa population est constituée d'indigènes issus de 45 ethnies différentes quand le pays en compte 62. Les indigènes de la vallée de Chalco suivent le même modèle d'occupation que ceux qui ont colonisé la vallée, c'est-à-dire qu'ils s'enquièrent, par le truchement de réseaux familiaux, des possibilités d'acquérir un lot de terre et ils émigrent vers la localité où celui-ci se situe. Dans plusieurs études sur la question, ce modèle est considéré comme un établissement par barrage, dans le sens où ces nouveaux habitants de la zone métropolitaine de la ville de Mexico ne parviennent pas jusqu'à la capitale mais s'installent à sa périphérie où l'administration civile et politique incombe à l'État de Mexico. Par ailleurs, on observe, en accord avec Hiernaux et Lindon (2000), deux modalités de route migratoire :

certains arrivent directement au centre de la ville grâce à des réseaux familiaux et effectuent ensuite seulement leur repli vers la périphérie, d'autres s'installent dans une périphérie consolidée ou en voie de consolidation, grâce encore à un réseau familial ou grâce à des gens de même origine déjà installés sur place. Pour les femmes, la situation est différente dans la mesure où elles viennent fréquemment occuper un emploi dans la domesticité obtenu par relation familiale, à l'appel des maîtresses de maison ou après sollicitation des employées elles-mêmes qui se proposent de faire venir sœurs, cousines ou simples connaissances et payses.

Il est bien évident que de nombreux groupes indigènes convergent vers la métropole de Mexico : en particulier des Mazahuas issus du nord de l'État de Mexico, Triquis, Mixes, Mixtecos, Zapotecos en provenance de Oaxaca, Otomíes venus de Hidalgo, Queretaro, Nahuatls et bien d'autres encore. Tous ont en commun d'être originaires de régions où les conditions de vie sont dures économiquement et socialement.

Tous, considérés comme très pauvres illustrent, par leur vie d'immigrants, la misère de la campagne qu'ils ont dû quitter, souvent pour trouver des conditions de vie plus hostiles encore et être confrontés au mépris supérieur du métis urbain ; la discrimination envers l'indigène à Mexico est très forte, presque toujours dissimulée, mais non moins réelle et douloureuse.

La barrière de la langue les fait vivre à demi ignorés et dans une demi-ignorance, ils parlent mal l'espagnol et ils ont honte de s'exprimer dans cette langue. Nous sommes bien loin de respecter les droits des indigènes qui revendiquent le droit de parler leur langue, de conserver leur culture et leurs croyances dans un système éducatif homogénéisant qui impose une langue et une culture dominantes qui inféodent celles des groupes ethniques minoritaires et donc celles des immigrants. Malgré cette situation, dans la vallée, les enfants d'immigrants vont à l'école, et suivent des études avec succès ; grâce à cela, ils réussissent en une génération à s'intégrer à la vie urbaine. La situation scolaire est bien différente dans les régions d'origine des immigrants puisque plusieurs travaux de recherche ont montré que l'école « civilisatrice » ou « homogénéisante » ne répond pas aux besoins d'apprentissage de base des enfants, lesquels finissent par déserter l'école de façon définitive. De ce fait, l'école traditionnelle contribue à perpétuer le cercle vicieux « ignorance-pauvreté-ignorance », qui caractérise la vie des indigènes dans leurs régions d'origine.

Survie dans le monde urbanisé

Dans la vallée de Chalco, les indigènes ont réussi à 86% des cas à acquérir leur logement ; seulement 11% sont en location et 4% habitent dans un logement prêté. La pauvreté est très présente dans le discours des personnes interrogées, qui ont été soumises à une enquête directe : selon celle-ci, 46% se considèrent comme très pauvres et 34% simplement comme pauvres. Une légère amélioration est ressentie néanmoins par rapport à la situation dans le lieu d'origine même si, dans la vallée, la grande majorité des personnes interrogées a un emploi informel ou un emploi formel peu qualifié. Cela n'a pas empêché l'acquisition d'un terrain qui s'est faite en sortant victorieux des obstacles rencontrés dans l'économie familiale, de par la méconnaissance du marché immobilier ou la mauvaise foi – fréquente – des vendeurs de terrain, qui ont profité de l'inexpérience des personnes que nous avons interrogées. Ils utilisent tout moyen frauduleux ou malhonnête, ne respectent pas la parole du contrat pour abuser des arrivants démunis devant l'écrit en espagnol, tout cela pour ne pas leur octroyer le terrain ou encore les en dépouiller pour cause de retard de paiement. Malgré tout cela, elles sont bien là ces familles d'indigènes et elles constituent une part importante de la construction de l'espace urbain de la vallée.

Il semble que leurs traditions associées au binôme travail-tequio (chaque groupe ayant plus ou moins ce concept de solidarité dans sa culture et sa langue) soient déterminantes dans leur participation aux comités de solidarité qui s'organisent sur le territoire et œuvrent aux travaux d'urbanisation tels que le pavage des rues, la construction de trottoirs, l'introduction du drainage. Dans leur volonté de s'intégrer à la vie urbaine, les Indiens n'hésitent pas à abandonner la tranquillité et la sécurité de leur village ou de leur communauté pour un emploi, un salaire fixe et de meilleures conditions pour satisfaire leurs besoins de base comme l'éducation des enfants.

Une identité indigène dans la ville

Le renoncement à l'identité d'origine est un des problèmes qui se pose avec fréquence aux Indiens dans la ville à cause du mépris du monde urbain envers tout ce qui provient du monde indigène. Ils opèrent ainsi un processus de déconstruction-construction ou de rupture-reconstruction de leurs racines culturelles, territoriales, ethniques et symboliques afin d'affronter un monde nouveau, souvent hostile, inconnu, mais perçu comme plein d'espérances et d'opportunités. Ils surmontent les obstacles qui s'opposent à leur insertion dans la grande ville ou dans le territoire urbain en reconstruisant leur identité tout en conservant leurs racines, leurs traditions et leurs manifestations culturelles, ce qui donne vie et richesse à la réalité multiculturelle de la ville. Ce processus d'adaptation à la vie urbaine comporte une forte dose d'hybridation et une acculturation inévitable aux pratiques et au style de vie urbains ; il influe en retour sur la psychologie des immigrants par un sentiment de un déracinement par la coupure de leur relation intime avec la nature du fait même du contact avec la ville – dont la première fonction est, à l'évidence, de détruire la nature. Cette rupture ontologique entre l'Homme et la Nature conduit progressivement à la rupture sociale des liens avec la communauté d'origine. Cela n'empêche pas que les indigènes perpétuent leurs pratiques et leurs rituels religieux liés soit au catholicisme, soit à une nouvelle pratique chrétienne inspirée de celles du monde indigène. Leurs rites matrimoniaux et mortuaires sont les plus visibles, mais les cérémonies religieuses en l'honneur du Saint Patron ou celles qui rappellent les fêtes importantes de leurs communautés sont aussi bien présentes.

La vie familiale comme souvenir

La vie familiale va finalement être vécue comme une commémoration de la vie paysanne, intime et affective. Bien que l'on constate une tendance au maintien de la division générique et de la répartition des tâches propres à l'homme et à la femme, les circonstances de la migration contraignent la femme à sortir du foyer et à travailler soit dans le domaine de la domesticité, soit dans le commerce ambulant. L'homme occupe loin du foyer des emplois peu rémunérés mais qui n'exigent pas de qualification, comme vigiles, maçons, ou manœuvres sur les camions chargés de matériel de construction, dans les cimenteries etc. Dans le même temps, ils essaient de s'organiser et de former des associations comme celle qui existe dans la vallée de Chalco (Association de groupes ethniques de la vallée de Chalco A. C.) et dont les objectifs sont la défense des droits, des traditions et de la culture indigène. Malgré cela, la dynamique de la vie urbaine porte atteinte au maintien de leur identité culturelle et linguistique notamment à partir du moment où les enfants sont scolarisés. Beaucoup d'entre eux, s'ils sont nés dans le village de leur parents sont arrivés très jeunes dans la vallée et d'autres sont nés sur place et tous perdent la référence au village de leurs parents (où compte tenu de leurs conditions économiques et des difficultés de transports, ils ne peuvent plus séjourner ni même se rendre). Leur maîtrise de l'espagnol fait qu'ils se distinguent des plus âgés. L'identification avec le territoire de vie, la fréquentation, si ce n'est la maîtrise de l'espace social, accentuent la rupture générationnelle entre parents et enfants. Si des moyens de reconstruire l'identité non seulement ethnique, mais aussi culturelle ne sont pas mis en œuvre, ces groupes d'immigrants seront dans un avenir proche totalement absorbés par la société métisse dominante.

Les immigrants indigènes ont dû s'adapter progressivement à un système social, culturel, productif différent que désormais ils connaissent et dominent. D'où ce processus duel de conservation-adaptation pour d'un côté assumer les dynamiques de travail et de production de la ville et de l'autre préserver leurs traditions culturelles.

L'intégration de la vallée de Chalco à la modernité

Cet énoncé peut paraître prétentieux alors que nous nous demandons encore si l'Amérique Latine est entrée dans la modernité. Néanmoins, si par modernité nous entendons processus « civilisateur » d'urbanisation et d'abandon progressif de la vie paysanne, il est évident que nous sommes entrés dans le monde de la modernité. Pouvons-nous en dire autant d'espaces comme la vallée de Chalco qui, il y a encore 20 ans, se débattait entre poussière et boue ? Oui, même si la vallée de Chalco apparaît comme le produit d'un capitalisme dépendant et attardé dans un pays en voie de développement avec toutes les contradictions que cela suppose.

La modernité a apporté non seulement une forme de pensée, une philosophie de la vie et de l'histoire, mais aussi un monde centré sur l'individu conférant tout son sens au thème de l'homme-dans-le-monde ; il ne s'agit pas seulement de l'industrialisation et de la mécanisation de la production ; ce processus se caractérise également par la capitalisation de l'économie, par l'investissement et par l'obtention de plus-value. Il a des conséquences sur la concentration de la population dans les villes qui proposent du travail, de meilleures conditions de logement, une offre éducative et l'accès aux services de santé, de la culture et des loisirs. Nous pouvons affirmer de ce point de vue que le faubourg que nous avions appelé il y 20 ans Polvo y Lodo a fait le premier pas vers l'urbanisation. Le paysage urbain a changé : la construction progressive de logements évolue à son rythme propre, 15 à 20 ans en moyenne seront nécessaires pour terminer le logement de type populaire consolidé. ; une voierie pavée de base coexiste avec une voierie abandonnée ; des bâtiments publics ont été érigés comme le Palais Municipal, la Cathédrale (un lieu de culte construit après la seconde visite du pape au Mexique sur le lieu même où il a célébré la messe), la caserne des Pompiers, l'hôpital de la zone, des cliniques, des marchés, des écoles, des centres culturels et des terrains de sport, des centres commerciaux, et des stations-service. Le téléphone y est très apprécié comme moyen de communication et le transport urbain s'est organisé, depuis la bicyclette-taxi, jusqu'aux taxis pour le transport individuel ou des lignes urbaines pour le transport collectif. L'augmentation du commerce sédentaire offre des emplois familiaux. Le mode d'implantation plus pauvre des années 1980 a fait place aujourd'hui à une vie économique intense qui implique une transformation radicale de la vie quotidienne dans la zone. La ville sortie des eaux se transforme progressivement en une ville de plein droit. Promue au statut de municipalité libre le 30 novembre 1994, elle est l'héritage qu'un régime moribond a laissé au peuple « d'en-bas », lequel désormais ce peuple s'efforce de créer des traditions et des symboles d'unité, d'appartenance et d'identité des habitants de la vallée de Chalco.

Chapitre 3

La construction de l'identité chez l'enfant

Version française à partir de la version originale en castillan par Marc MARTI, Professeur de littérature et civilisation hispaniques à l'Université de Nice-Sophia Antipolis, laboratoire LIRCES.

Notre dernière approche de la réalité du nouveau El Valle de Chalco, va exminer la construction de l'identité chez l'enfant dans une telle zone marginale émergente L'identité sociale fait partie de l'identité psychologique de l'individu. C'est un facteur très important de l'identification, non seulement avec les autres membres de la communauté, mais aussi avec le territoire occupé. C'est en effet dans cet espace social que les individus se développent, interagissent, se réalisent ou connaissent la frustration qui donnera lieu à des processus de "non-identité" ou même de rejet du milieu social et du territoire. La construction et/ou reconstruction de nouveaux espaces génèrent chez les sujets des processus de déconstruction-construction-affirmation des identités qui affectent tous les membres de la population en mouvement, en particulier les enfants qui, en marge des problèmes économiques deviennent les constructeurs de leur propre identité sous l'influence de l'école et de la génération qui est la leur.

Ces processus sont particulièrement importants dans les régions et zones où l'urbanisation est le résultat de mouvements migratoires de populations généralement marginales ou pauvres comme c'est le cas dans la vallée de Chalco Solidarité. Dans notre recherche, nous analysons l'influence de l'école dans la construction de l'identité des enfants considérés comme membres d'une famille et d'un groupe social enracinés dans un territoire spécifique. Il est donc nécessaire de rattacher ces deux processus sociaux : l'éducation et l'appropriation subjective du territoire, c'est-à-dire l'identité sociale qui permet à l'individu d'avoir confiance en lui-même et d'entrer en relation sur un pied d'égalité avec les autres membres de son groupe social et avec les membres extérieurs à sa communauté.

Construction de l'identité individuelle

La population scolaire de la vallée de Chalco est importante et elle traduit les espérances que les parents ont placées dans l'école pour améliorer l'avenir de leurs enfants. La répartition par sexe à l'école, 50,45% de garçons et 49,55% de filles est très semblable à la distribution par sexe de la population totale de la municipalité : 50,27% pour les hommes, 49,73% pour les femmes. Cette proportion pourrait être un indicateur du changement qui est en train de s'opérer dans la société mexicaine quant à l'égalité des droits entre les garçons et les filles. Celle-ci se manifeste par l'accès à l'école, une situation remarquable s'agissant d'une zone marginale émergente.

Appartenance au groupe familial

La connaissance des membres de la famille, ainsi que leurs noms propres traduit un sentiment d'appartenance et d'appropriation de l'entourage. C'est un référent pour l'identité familiale de l'enfant. Cette connaissance contribue à forger son identité d'individu membre d'une collectivité, ce qui en principe est rassurant.

Tableau n°1 :
Conscience d'appartenance à un groupe familial

Comment t'appelles-tu ?	Comment s'appellent ton papa et ta maman, tes frères et sœurs ?				Total	%
	Sait	%	Ne sait pas	%		
Sait	1278	96,92	40	3	1318	99,90
Ne sait pas	1	0,08			1	0,08
Total	1279	97,00	40	3	1319	100,00

Source : Enquête Juárez-Comboni 2001

Dans notre hypothèse, cette réalité constitue un indicateur du processus de construction de l'identité individuelle et collective à partir de l'appartenance à un groupe familial pleinement identifié, dont le caractère est résolument social, au-delà de la triade psycho-sociale.

Connaissance de l'école

La connaissance du nom de l'école et du maître indique qu'il y a un facteur d'identification qui fait partie de l'environnement social et territorial. Par ailleurs, connaître le nom du maître implique que l'on se situe dans l'espace construit par les relations sociales. Celles-ci confèrent une identité en devenir. Dans ce cas, 98,5% des enfants interrogés possèdent une connaissance de l'espace dans lequel ils évoluent.

Tableau n°2 :
Connaissance de l'école et du nom du maître

Comment s'appelle ton maître (ta maîtresse) ?	Comment s'appelle ton école ?				Total	%
	Sait	%	Ne sait pas	%		%
Sait	1134	88,8	124	9,7	1258	98,5
Ne sait pas	10	0,8	9	0,7	19	1,5
Total	1144	89,60	133	10,40	1277	100,00

Source : Enquête Juárez-Comboni 2001

Production du territoire géographique occupé comme espace urbain d'appartenance

La production de l'espace géographique occupé comme espace urbain est un processus qui se déroule lors de l'interaction des individus pour produire un espace physique et social adapté à la vie en collectivité. Ce même processus conduit les différents acteurs en présence à transformer leur quotidien dans l'espace urbain en un lieu de rencontre et d'échange, gérant ainsi l'espace social où se produisent les relations et où les existences se transforment en expériences à partir des pratiques sociales. La complexité de ces processus est la base même de la construction d'une identité rattachée au terroir. Celui-ci est identifié comme espace social d'origine et/ou d'appartenance par adoption, dans le cas des immigrants. 54% des enfants interrogés connaissent le nom de la municipalité et aiment être considérés comme des habitants de la vallée de Chalco, bien que 14,3% n'aiment pas ce qualificatif. (Tableau page suivante)

En revanche, 31% des enfants interrogés ne savent pas comment s'appelle la municipalité. En pratique, l'appellation générique territoriale les laisse indifférents car leur ignorance les empêche de se rendre compte de ce que cela peut impliquer dans leur imaginaire social encore en formation.

Tableau n°3 : Conscience de l'appartenance au territoire occupé (Source : Enquête Juárez-Comboni 2001)

Comment s'appelle la municipalité où nous sommes ?	Aimes-tu que l'on te dise que tu es de la Vallée de Chalco ?					
	Oui	%	Non	%	Total	%
Sait	579	54,40	82	7,70	661	62,10
Ne sait pas	332	31,20	70	6,60	402	37,90
Total	911	85,60	152	14,30	1063	100,00

Influence du maître dans l'enracinement et la construction de l'identité territoriale de l'enfant

L'influence exercée par les précepteurs sur les écoliers laisse une marque plus ou moins durable, qui dépendra des expériences familiales, scolaires et existentielles des enfants. Cependant, au moment de la première scolarisation, ils jouent un rôle déterminant dans l'orientation que suivra la construction sociale de l'enfant, non seulement sur le plan intellectuel mais aussi psychologique, en particulier dans la modélisation de sa personnalité subjective et collective. C'est-à-dire qu'ils n'influencent pas seulement les pratiques scolaires de l'enfant mais aussi son *habitus*[1] face au champ symbolique du savoir. Il est donc important d'expliquer aux enfants l'histoire de leur région, non seulement sur le plan politique et administratif mais aussi sur celui de l'histoire vécue. Cette histoire est celle d'un territoire occupé, transformé par l'effort et les luttes sociales solidaires de ses occupants pour en faire un espace urbain et social, berceau de leurs sentiments, de leur identité collective et individuelle, apportant ainsi la sécurité du territoire connu. Seulement 10% des enfants interrogés n'ont pas reçu ce type d'information. Cela voudrait dire que les maîtres en général racontent ce type d'histoires.

[1]La notion d'*habitus* est comprise comme un système de valeurs implicites dans lequel s'enracine l'ensemble des normes intériorisées qui orientent les pratiques et les conduites d'un groupe social ou d'un individu. En accord avec Bourdieu, il s'agirait d'un « système de dispositions inculquées par les conditions matérielles de l'existence et par l'éducation familiale qui constituent le principe générateur des pratiques », « Les stratégies matrimoniales dans le système de reproduction, in *Économie, société, civilisations, famille et société*, N° spécial 4-5, 1972, p. 1106.

Tableau n°4 : Les maîtres enseignent comment est apparue la colonie et les enfants connaissent le nom de la colonie où se trouve leur école.

Comment s'appelle la colonie où se trouve ton école ?	Les maîtres te parlent de l'origine de la colonie ?					
	Oui	%	Non	%	Total	%
Sait	360	88,8	116	9,7	476	61,80
Ne sait pas	131	0,8	163	0,7	294	38,20
Total	491	63,8	279	36,2	770	100,00

Source : Enquête Juárez Comboni

La connaissance du nom de l'école et de son emplacement, la connaissance du nom de la municipalité où il vit, l'acceptation d'être désigné comme habitant de la vallée de Chalco ou qu'il se désigne lui-même ainsi, permet de déduire que l'enfant est en train de construire son identité à partir du terrain qu'il connaît, qu'il domine spatialement. C'est le lieu de rencontre avec ses pairs, sur lequel il projette déjà un imaginaire social. Un des indicateurs de cette réalité est le plaisir de vivre dans ce lieu et d'avoir des amis. Il nous semble intéressant d'appréhender la socialisation[2] des enfants en prenant comme indicateur le partage avec les amis, étant données les limitations qu'ils rencontrent à cause de l'insécurité due à l'existence de bandes sur la zone. La majorité de la population enfantine interrogée a des amis, bien qu'en petit nombre, mais compte sur eux dans la rue où ils habitent. Il y a 6,2% des enfants qui n'aiment pas vivre dans la vallée, et les amis ne constituent pas un motif d'enracinement dans l'espace. En revanche, ceux qui sont satisfaits de leur vie dans la vallée sont nombreux : 93,8%. Cette situation nous permet de déduire que les enfants sont en train de construire leur identité en relation avec le territoire qu'ils occupent, qu'ils le dominent en le construisant comme un espace social différencié. C'est parce qu'ils entretiennent avec lui certaines relations qui font de leur ici et maintenant le moment de la construction de leurs identités face aux différences du groupe qui n'est pas le leur. En ce sens, nous pourrions dire qu'ils se sont construit un système autoréférentiel, puisque leur seule référence, c'est eux-mêmes et seulement eux-mêmes, ce qui provoque une tolérance qui perdure dans l'aire de leur propre conscience morale.

---

[2] Par socialisation, nous entendrons le processus par lequel se transmet la culture d'une génration à l'autre. En accord avec Dollard, on peut le voir comme la description de l'incorporation d'une personne nouvelle au groupe et sa transformation en adulte capable de répondre aux attentes traditionnelles de sa société envers une personne de son âgge et de son sexe. John, Dollard, (1935) *Criteria for the life history*, Gloucester, Mass. U.S.A. Voir en particulier le chapitre 1.

Tableau n°5 :
Identification avec le lieu de vie à partir des amis

Aimes-tu vivre ici ?	As-tu des amis dans ta rue ?				Total	%
	Peu	Beau coup	Pas d'amis	Ne sait pas		
Oui	1003	176	32	1	1212	93,8
Non	54	23	3	---	80	6,2
Total	1057	199	35	1	1292	100,0
%	81,8	15,4	2,7	0,1		100,0

Source : Enquête Juárez-Comboni 2001

Vers la construction de l'identité collective

En accord avec Preston (1997 : 16), nous pouvons formuler plusieurs questions qui se transforment en axes de recherche ou hypothèses. En effet, bien qu'il consacre ses travaux à l'étude de l'identité politique, ses hypothèses à propos du processus d'identité sociale produite par l'occupation du territoire n'en demeure pas moins pertinentes. Cette occupation représente aussi fréquemment une prise de position politique, car elle marque l'appartenance à un groupe de demandeurs de logement avec une tendance et/ou une appartenance à un parti plus ou moins défini. À propos du problème de l'identité politico-culturelle, il faut répondre à un certain nombre de questions. Comment l'individu arrive-t-il à se penser comme membre d'une communauté politique ? Qu'est-ce qui influence ou se mêle à cette identité ? Qu'est-ce que cela implique pour l'action et comment cela provoque-t-il un changement ? Avec quels moyens et à quel prix ? L'identité socialement construite (Taylor, 1996), se transmet dans le langage et s'exprime dans la pratique quotidienne, dans la routine, bien qu'elle puisse être l'objet d'une révision, d'une critique constante en accord avec notre façon d'évoluer dans la vie. L'identité politico-culturelle nous permet d'agir dans la sphère publique. À cela, nous pouvons ajouter d'autres interrogations puisque la construction d'une identité collective suppose la partie politique de l'identification avec le territoire au sens propre d'une appartenance à une communauté bien définie et par ailleurs la déconstruction de l'identité fondée sur le territoire occupé antérieurement.

En ce sens, nous pouvons dire que l'identité des immigrants est le fruit d'un processus dialectique. D'abord, l'abandon des référents antérieurs, qui servent aussi de base à l'acquisition de nouveaux référents dont ils permettent l'organisation et l'interprétation. À leur tour, les nouveaux référents viennent sublimer ou dénigrer les référents antérieurs. Cependant, dans tous les cas, ils renforcent l'identité récemment construite ou en devenir. Pour cette raison, il est important que nous nous demandions, avec Alvarado (1992) comment se forme actuellement les représentations sociales qui permettent, autant aux individus qu'aux groupes sociaux, de construire leur propre sens de l'appartenance, tout en prenant en compte leur situation. Il s'agit souvent du déracinement du milieu d'origine et de la confrontation à d'autres manifestations culturelles. Bien que les oppositions ne soient pas franches, les différences existent et il faut s'interroger sur la façon dont elles cohabitent dans le même milieu spatial. Comment se recrée en permanence ce sens de l'appartenance, cette identité sociale ? De quelle façon les représentations sociales influent-elles dans la construction d'un *habitus* individuel ou collectif, qui à son tour détermine des pratiques sociales individuelles ou collectives ? Il est indubitable que la construction d'un *habitus* comme celui que nous avons analysé prend comme point de départ les particularités socio-culturelles des individus ou des groupes en interaction dans le processus même de création d'une nouvelle manifestation culturelle. Celle-ci fera l'amalgame d'une part des traditions du lieu d'origine et d'autre part de celles qui commencent à émerger dans l'interaction quotidienne et dans la lutte pour la survie ou la qualité de vie qui s'instaure dans la nouvelle réalité des agents, immigrants ou autochtones.

Ces transformations sont des réponses d'adaptation à la nouvelle situation : elles redéfinissent la nouvelle identité qui, tout en conservant l'essentiel de l'identité antérieure, intègre la nouveauté. Cette conception est fondamentale, car elle rompt avec le déterminisme de certains paradigmes et met au centre l'acteur social. L'identité constitue la dimension subjective des acteurs sociaux en interaction ; c'est la conception que les acteurs ont d'eux-mêmes et qui émerge dans l'interaction sociale. Elle diffère de la conception que le chercheur ou l'autre se fait de l'altérité à travers les manifestations objectives. En ce sens, elle est le produit des relations sociales et c'est une construction par laquelle l'individu se reconnaît lui-même dans la reconnaissance de l'autre.

Le plaisir d'être et d'être là

L'identité est toujours en relation avec l'appartenance à une ethnie, ou une nation ou un pays, ce qui implique un territoire et l'appropriation des modèles de conduite du groupe en question ou de la société dans son ensemble. Cependant, il existe un autre processus pour la construction d'une identité et pour manifester sa propre manière d'être, de penser et d'agir, à partir de l'appropriation de l'espace social dans lequel se meuvent les acteurs sociaux. C'est pour cela que nous pouvons parler de la territorialité comme source d'identité, en d'autres termes de l'identité comme expression d'une localité : qui est-on dans la vie *glocale*.

C'est le problème que nous essayons de résoudre : qui est-on dans la société de la vallée de Chalco ? Cette société est d'une part locale et d'autre part, elle est immergée dans la globalité. Elle est soumise aux politiques néolibérales comme le reste du pays. Comment se voient-ils, comment se considèrent-ils et de quelle manière affrontent-ils les autres depuis le territoire occupé et transformé en terroir par le sentiment d'appartenance et de relative sécurité qu'il octroie aux acteurs ? De quelle manière le terroir influence-t-il les acteurs qui sont en train de déconstruire-construire-reconstruire leur identité sociale et collective ? Sur ce point, nous reprenons les analyses de Luhman à propos de la réflexivité et l'auto-référence. Un système peut être appelé autoréférent quand il constitue lui-même les éléments qui lui donnent forme comme des unités fonctionnelles et quand toutes les relations entre tous ces éléments sont accompagnées d'une indication vers cette autoconstitution. De cette façon se reproduit l'autoconstitution permanente ». (Luhmann : 1996, 19). Évidemment, tout n'est pas constitué par une variable objective, la subjectivité intervient aussi, ainsi que l'imaginaire social que l'enfant commence à construire, en faisant de sa personne le monde de ses représentations sociales afin de s'identifier avec un lieu et le prendre comme référence d'appartenance à un terroir. C'est-à-dire qu'il s'agit d'un enracinement, une façon de se sentir maître de soi et d'être soi-même. Même s'il n'est que temporaire, un profond sentiment de bien être, de plaisir d'être là, se dégage de la satisfaction de se sentir à la maison, dans le foyer tout en désirant l'améliorer pour se réaliser comme individu et/ou comme personne. Bien qu'il ne s'agisse pas d'une réflexion consciente, sur le plan pratique, elle est bien présente dans l'imaginaire social de l'enfant.

Le tableau fait apparaître les variables que sont les indicateurs. La vallée de Chalco, dans la majorité des quartiers, manque d'espaces verts et par conséquent, d'aires de jeux proches des maisons des enfants. Il y a un centre sportif au sud-est de la vallée, il y a des petits squares aménagés pour les enfants sur les places, mais ils sont éloignés des quartiers centraux. Il y a donc une demande réelle et vécue par les enfants de bénéficier de ces espaces de rencontre et de jeux : 44% formulent cette demande, et 36,5% réclament des services publics, en particulier le revêtement des rues, l'évacuation des eaux usées, l'éclairage public, qui en principe offrent une meilleure sécurité et une meilleure hygiène. Leur présence diminuerait une grande partie de la pollution de l'air ainsi que celle de la nappe phréatique qui est contaminée par les eaux usées et les déjections humaines et animales.

Les enfants ont aussi conscience de l'environnement dans lequel ils vivent et de la dégradation écologique de la zone, ainsi que de la pollution de l'air et du sol qui affecte la qualité de vie des habitants. Le fait que 93% des enfants soient contents de la rue où ils vivent, malgré les demandes d'amélioration, indique qu'effectivement ils sont en train de construire leur identité en relation avec le territoire, qui se transforme en espace urbain. Eux le produisent comme un espace social, en le transformant en un refuge qui leur apporte la sécurité et qui les fait se sentir « à la maison ». On ne peut pas non plus passer sous silence le fait que 7% ne se sentent pas à leur aise dans ce lieu, probablement à cause de ces mêmes services.

Tableau n°7 : Imaginaire social à partir du plaisir d'être et d'être là

Es-tu content de la rue où tu vis ?	Qu'aimerais-tu qu'il y ait dans ta rue ?						
	Services publics	Aires de jeux	Les deux	Autre	Ne sait pas	Total	%
Oui	385	488	52	106	54	1085	92,8
Non	40	25	5	13	1	84	7,2
Total	425	513	57	119	55	1169	100,0
%	36,4	43,9	4,9	10,2	4,7	100	100,0

Source : Enquête Juárez Comboni 2001

Espaces de socialisation et de construction de l'identité

Les espaces de construction de l'identité de l'enfant sont en relation avec l'appartenance à un groupe familial spécifique, c'est-à-dire que la construction de l'identité est un processus qui se réalise de manière positive, dans le cas où n'interviennent pas des problèmes d'un autre type. L'enfant commence son identification avec le territoire occupé à un âge précoce, surtout à partir de sa fréquentation de l'école. En ce sens, le territoire est un facteur de construction de l'identité quand l'enfant s'y sent à l'aise et maître de la situation, dès qu'il domine l'espace social dans lequel il évolue. Ses étapes de socialisation, les relations qu'il crée, et les amitiés qu'il impulse deviennent les éléments qui permettent la construction d'un sentiment d'appartenance à un groupe de référence[3]. L'éducation fait partie de ces processus d'identité et de transformation. Il est donc nécessaire d'en analyser le contenu, ainsi que les pratiques éducatives des maîtres et des pères de famille, tout comme le contenu des politiques éducatives promues officiellement par les autorités. De quelle manière l'éducation influe-t-elle dans la construction de l'identité ? À titre d'hypothèse, nous pourrions affirmer que son rôle est fondamental car elle transmet les valeurs, les principes

---

[3] Nous définissons les groupes d'origine comme un groupe auquel se réfère un individu en fonction de ses attitudes. C'est le groupe dans lequel l'individu cherche à se faire accepter où à maintenir son acceptation. Il oriente ses attitudes en accord avec ce qui lui semble être le consensus entre les membres du groupe.

et les idéologies qui tendent à homogénéiser tous les citoyens du pays autour des valeurs syncrétiques de l'État. Cependant, au-delà de ces considérations sociopolitiques, il existe des mécanismes psychosociaux qui font que les enfants se situent dans le lieu où ils vivent, établissent des amitiés et commencent un processus de construction de l'identité dès leur plus jeune âge. Ce processus est social et historique. Il se situe dans une dimension spatio-temporelle, ce qui explique pourquoi, quand les enfants sont déplacés de leur lieu d'origine vers un autre, ils oublient rapidement (en fonction de leur âge) et commencent à créer de nouveaux réseaux d'interaction qui leur permet de s'identifier, de se faire accepter et de reconnaître les nouveaux camarades, jusqu'à ce qu'ils arrivent à obtenir une nouvelle identité collective et individuelle. L'école devient alors un espace de construction de l'identité parce qu'elle est l'espace extérieur au foyer chargé de références symboliques. C'est pour cela que les maîtres peuvent influer de manière positive, à condition qu'ils prennent le temps d'expliquer à leurs élèves l'origine de leur municipalité, de leur quartier, de leur école. Ce faisant, ils renvoient aussi à l'origine géographique des parents. La construction de cette relation permet à l'enfant de construire ses espaces d'appartenance et de référence sans contradictions, mais au contraire par un processus dialectique d'information mutuelle, conditionnement et transformation permanente de l'identité et de ses référents géographiques.

Couverture du livre de 1992

Deuxième partie

Chalco en 1990

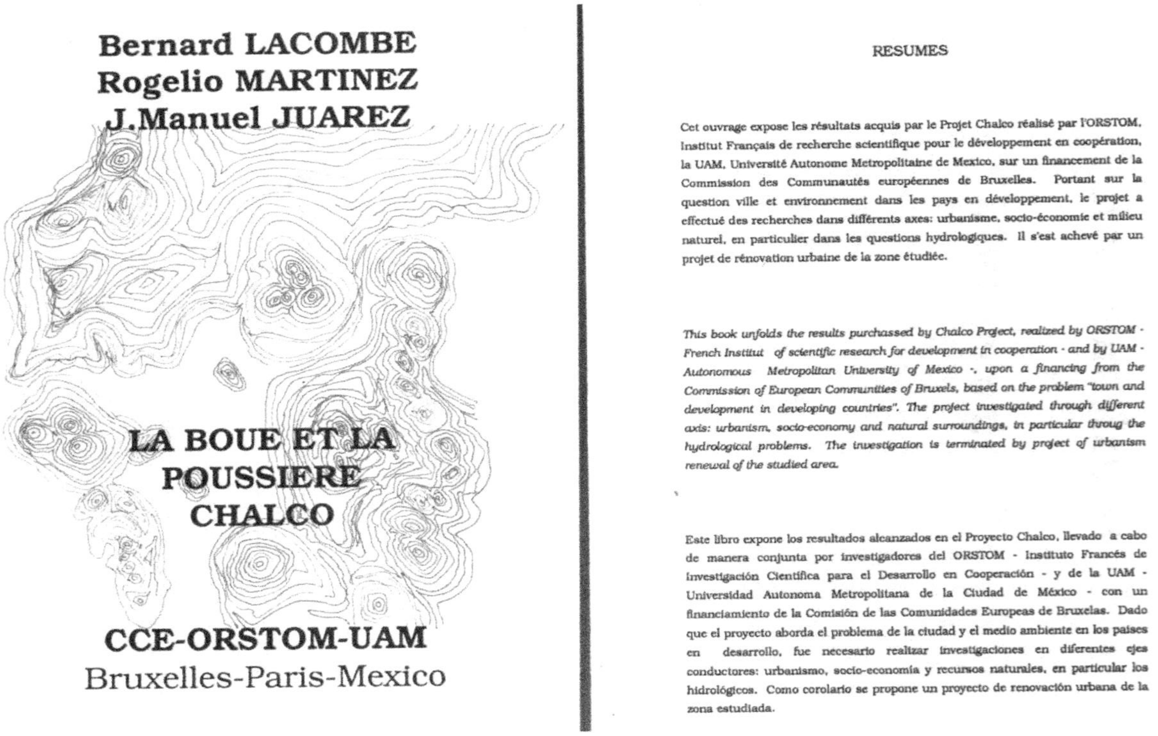

Bernard LACOMBE
Rogelio MARTINEZ
J.Manuel JUAREZ

LA BOUE ET LA POUSSIERE
CHALCO

CCE-ORSTOM-UAM
Bruxelles-Paris-Mexico

RESUMES

Cet ouvrage expose les résultats acquis par le Projet Chalco réalisé par l'ORSTOM, Institut Français de recherche scientifique pour le développement en coopération, la UAM, Université Autonome Metropolitaine de Mexico, sur un financement de la Commission des Communautés européennes de Bruxelles. Portant sur la question ville et environnement dans les pays en développement, le projet a effectué des recherches dans différents axes: urbanisme, socio-économie et milieu naturel, en particulier dans les questions hydrologiques. Il s'est achevé par un projet de rénovation urbaine de la zone étudiée.

This book unfolds the results purchassed by Chalco Project, realized by ORSTOM - French Institut of scientific research for development in cooperation - and by UAM - Autonomous Metropolitan University of Mexico -, upon a financing from the Commission of European Communities of Bruxels, based on the problem "town and development in developing countries". The project investigated through different axis: urbanism, socio-economy and natural surroundings, in particular throug the hydrological problems. The investigation is terminated by project of urbanism renewal of the studied area.

Este libro expone los resultados alcanzados en el Proyecto Chalco, llevado a cabo de manera conjunta por investigadores del ORSTOM - Instituto Francés de Investigación Científica para el Desarrollo en Cooperación - y de la UAM - Universidad Autonoma Metropolitana de la Ciudad de México - con un financiamiento de la Comisión de las Comunidades Europeas de Bruxelas. Dado que el proyecto aborda el problema de la ciudad y el medio ambiente en los paises en desarrollo, fue necesario realizar investigaciones en diferentes ejes conductores: urbanismo, socio-economía y recursos naturales, en particular los hidrológicos. Como corolario se propone un proyecto de renovación urbana de la zona estudiada.

Couverture du livre de 1991
(rapport synthétique du Projet Chalco)

Chapitre 4

La boue et la poussière

Lodo y polvo, Chalco

Ses habitants définissent ainsi Valle de Chalco : la boue et la poussière. Qui y vient, rencontre l'une et l'autre. En saison des pluies, la boue, le reste de l'année, et dans les jours secs, la poussière. Une poussière impalpable qui se mêle à l'air, que vous respirez le jour et la nuit, qui flotte en permanence et donne un halo à toute chose ; qui fait des mèches quand un tourbillon de vent la saisit pour l'apporter plus loin dans la chaleur et la lumière. Mais ce n'est pas une poussière saine. Elle contient en suspension gaz et déchets de l'industrie, fumées des tas d'ordures qui n'en paraissent jamais finir de brûler, débris des défécations des bêtes et des gens. Quant à la boue, elle ne cesse jamais non plus.

A la base du Xico, un des cônes volcaniques éteints qui surplombent Valle de Chalco, des rues et des maisons restent semi-inondées. La terre n'absorbe jamais totalement l'eau des pluies, à moins qu'elle n'en suinte des couches d'eau à fleur de terre. L'effondrement du sol, lent et continu, rejoint par endroits les nappes aquifères superficielles. Des enfants, tout le jour, vont gratter le flanc de la montagne pour en retirer des brouettées de terre qu'ils jettent dans les jardins et les rues, entre les fondations. A les voir travailler ainsi tout au long de l'année, comblant les mêmes endroits, avec l'opiniâtreté de fourmis industrieuses refusant le destin que parait leur imposer un milieu naturel défavorable, on est saisi par une évidence : une volonté de vivre ici, à Valle de Chalco, malgré tout.

Cruzo una ciudad
sin semáforos
sin esquinas
sin vertigo.

Luis Cortés Bargallo *

Vivre ici ? et malgré tout ? c'est à ces deux interrogations qu'a voulu tenter de répondre ce travail collectif engagé par l'ORSTOM, Institut français pour la recherche scientifique pour le développement en coopération, et l'Université autonome métropolitaine, avec l'appui de la Commission des Communautés européennes.

Une journée de pollution ordinaire

Décrire une journée, celle du mardi 19 février 1991, par exemple, permet de comprendre la situation telle qu'elle est vécue quotidiennement par la population de Chalco.

---

* Luis Cortés Bargallo est un des représentants des écrivains mexicains dont les textes, de prose ou de poésie, tentent de rendre compte du phénomène urbain (dit problématique urbaine en espagnol). Les poèmes cités sont tirés de son premier recueil : *El Circo Silencioso*, Coll. Letras Mexicanas, Fondo de Cultura Económica, Mexico, 1985

Elle permet aussi de rendre compte d'une expérience scientifique, celle du terrain : la connaissance de première main fut un des efforts prodigués par les professionnels impliqués dans le projet Chalco, cette connaissance ne provient pas uniquement d'enquêtes effectuées par des équipes mais aussi de présence dans la vallée. Aussi, pour approcher le phénomène de la contamination aérienne, pouvons-nous faire référence à une journée parmi d'autres du mois de février 1991, une journée ensoleillée, vécue de l'aube au couchant au sommet du Cerro Xico.

Quand le jour se lève, la vallée de Chalco est claire, l'air y est pur, mais au loin, Mexico est recouvert de son épaisse nappe de fumées noirâtres, dont on distingue, par plaques, des taches plus noires et d'autres plus claires : chaque usine a gardé, de par l'immobilité des masses d'air de de cette nuit-là, sa propre nappe de fumées au-dessus de soi. Quand Valle de Chalco s'agite, et que les premiers camions, et les rares voitures particulières, dont les taxis, commencent à circuler, une poussière rouge ou grise s'élève avec les premiers rayons du soleil. Faisant face au Xico, le cerro del Elefante parait tout proche. On se trouve encore dans la "région la plus limpide du monde". Mexico, dans son cocon de poussières industrielles, parait loin, on pourrait se croire à l'abri, mais les deux volcans qui dominent les Vallées, l'Iztaccíhuatl et le Popocatepetl, restent tout de même invisibles. Avec les premières chaleurs du jour s'élève la fumée du tiradero de Santa Catarina, tas d'ordures qui brûle en permanence, déchargeant ses nuages nauséabonds dans l'air. Arrivent aussi les poussières de la carrière de tezontle, pierre dont est construit Mexico, du même cerro de Santa Catarina... Vers 9 heures la nappe qui recouvre Mexico se met en branle et avance vers nous, vers le sud-ouest. Pendant ce temps, de Chalco même, s'élève la poussière des gaz d'échappement et des routes de terre. Les troupeaux de vaches, que conduisent quelques cavaliers, souvent des enfants, cheminent vers les terrains de pacage, soulevant eux aussi la poussière des chemins... Vers 10 heures, la nappe des fumées de Mexico, qui a entraîné celle du tiradero de Santa Catarina atteint la poussière qui recouvre Chalco, elle envahit le cerro del Elefante dont on ne distingue bientôt plus qu'un des deux sommets tant la couche est opaque. Quant à Valle de Chalco, elle disparait et nous ne voyons plus que les prairies éloignées avec leurs taches d'eau stagnantes et les montagnes à l'ouest, et à nos pieds les quartiers accrochés au piémont du volcan du Xico... Autour de nous il n'y a que ce nuage noir et rouge, avec des traînées blanches et grises, qui gardent ainsi la signature de leur origine industrielle... Vers 14 heures l'air s'apure, le vent pousse la nappe de fumées et de poussières vers l'est, vers les deux grands volcans derrière nous, tandis que Chalco redevient visible ; les enfants sortent des écoles, la circulation a considérablement diminué, les premiers travailleurs reviennent et, au soir, l'air est de nouveau clair. Clair mais pas forcément pur car, en redescendant, l'odeur des gaz industriels saisit... mais en comparaison de ce qui a recouvert Chalco au milieu du jour, c'est une amélioration certaine.

Et pourtant, ce que nous racontons ici, c'est une belle journée. Une journée ensoleillée. Pour comprendre Valle de Chalco, et tout le sud de Mexico, il faut y venir les jours où la température ne s'élève que peu, où la nappe d'air pollué reste basse, s'écrasant sur le sol, faisant suffoquer les habitants de gaz, de poussières, de fumées... Ces jours-là, inutile de monter au Xico, on ne voit alors presque plus rien de ce qui fut cette région "des plus limpides du monde". Ni l'Elefante, ni les lointains montagneux, pas même les prairies. Et si peu les maisons de la frange habitée du piémont...

Cette vallée de Mexico, qui ravit tant les voyageurs, qu'ils fussent Indiens – les premiers Aztèques arrivant dans la vallée pour s'installer sur leur morceau d'île de México-Tenochtitlan, bouquet de roseaux appuyé sur un peu de terre – ou Européens, Hernán Cortès et ses compagnons émerveillés ou Alexandre de Humbolt trois siècles plus tard... que rappellent des peintres comme José Maria Velasco dont les tableaux rendent bien ce que fut cette région de lumière et de transparence, cet air si léger que les montagnes paraissaient à toucher tant elles semblent proches, ou qu'ont chantée des poètes, Nezahuatlcoyotl ou José Alameida :

Lejos, el Iztaccíhuatl da su blanco
aparecido sobre humildes crestas

Mais elle a disparue "l'inhumaine blancheur de l'Iztaccíhuatl" et nul ne peut plus proclamer aujourd'hui comme José Alameida le fit il n'y a que quelques décennies :

Vive Dios, que me espanta esta grandeza

A lire les anciens auteurs, et n'existeraient encore les repères géographiques des deux grands volcans qui bordent la Vallée de Mexico, on se demanderait si l'on regarde vraiment les mêmes lieux... Comment s'étonner aujourd'hui d'une grandeur naturelle qui a été effacée par l'urbanisation?

José Manuel Juárez lors d'une interview par l'équipe d'Antenne 2, 1990 sur le *monte* surplombant la ville de Chalco
(on peut voir l'aspect brumeux de l'atmosphère sur la photo du haut)

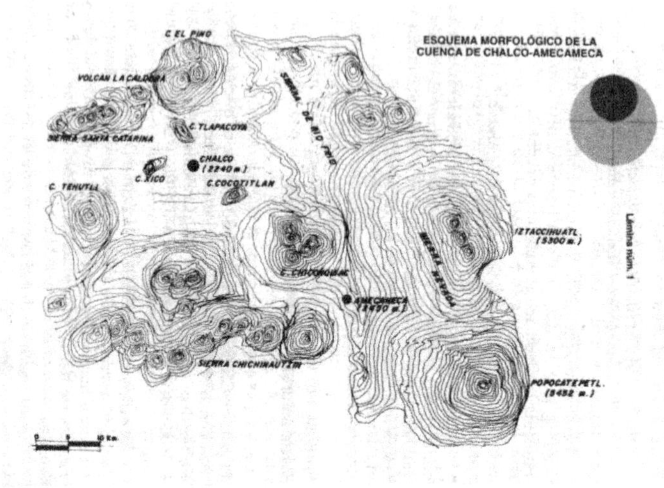

Bassin hydrologique de El Valle de Chalco

Chapitre 5

Milieu et histoire

Le milieu naturel, ou ce qu'il en reste

La vallée de Chalco est une plaine endoréïque qui appartient au bassin versant de Chalco-Acameca, le plus vaste de Mexico qui, lui, est délimité par les méridiens 19°05' et 19°30' de latitude nord et les méridiens 99°05' et 98°40' de longitude ouest.

Il comprend 9600 km^2 et son altitude de plaine varie de 2240 mètres au nord à 2424 mètres au sud, ce qui situe les terres basses à un niveau inférieur à celui des canaux d'écoulement qui ont vidé les lacs de la vallée de Mexico. Ce bassin versant comprend 41 volcans dont l'altitude varie de 2460 mètres à 5540 pour le Popocatepetl et 5280 pour l'Iztaccihuatl. Encadrée par deux canaux de drainage, celui de la Compañia et celui de l'Amecameca, et d'autres plus restreints, la plaine était autrefois un lac d'eaux saumâtres alimenté par de multiples *arroyos* qui débouchent toujours sur les canaux régulateurs, reliquats du tronc des arborescences des réseaux hydrographiques. Ces réseaux hydrographiques naturels entraînent une forte érosion des roches.

Les températures maxima s'établissent entre 27° et 12°, et se situent avant le solstice d'été. Les minima se produisent en décembre et janvier et vont de 17 à 8 °. Le gradient thermique est fort, les gelées sont fréquentes, ainsi que les grêles, qui se produisent pendant les pluies. Les vents alizés dominent en été mais en hiver la descente des vents polaires affecte la zone de quelques pluies, certes rares.

La flore et la faune ont beaucoup souffert de la poussée du peuplement et des modifications écologiques provoquées par l'homme, assèchement des lacs et urbanisation. Les espèces aquatiques ont été les plus détruites, de par la pollution. Il n'est pas rare cependant de voir aujourd'hui les vols d'oiseaux migrateurs s'ébattre dans une eau souillée de détergents dont la mousse atteint parfois un mètre. Mexico avait une flore et une faune parfaitement originales car endémiques, dont il est difficile aujourd'hui de préciser l'état et la capacité à survivre. La liaison entre la faune et la flore est apparemment rompue. Les habitats naturels sont éliminés, détruits ou endommagés à un point qui parait difficilement réversible. Pour donner un exemple, en octobre 1990 ne restent, selon les genres, que de la moitié aux deux tiers des espèces signalées antérieurement.

L'avifaune est elle aussi compromise par les changements écologiques. A la frontière de deux régions biogéographiques, disposant de terres hautes et basses, Mexico comptait 1000 espèces d'oiseaux, soit 50% de plus que le

Canada... Ces espèces ne retrouvent plus leurs habitats naturels. Dès les années 1970, seulement 40% du territoire mexicain conservaient encore des végétations indigènes le Mexique est le troisième pays le plus dévasté en terre de déforestation annuel de l'Amérique Latine. La vallée de Chalco était une plaque tournante des trois grandes routes de migration des oiseaux américains, qui ont dû soit prendre d'autres routes, soit disparaître en atteignant, aujourd'hui ou dans un avenir proche, un point de non reproduction.

On peut toujours se demander si Nezahuatlcoyotl, le prince-poète de Texcoco, qui chantait si bien la fuite des jours et la proximité de la mort, savait ce que deviendrait la vallée qu'il chérissait tant.

Hydrogéologie et hydrologie

Le bassin versant Chalco Amecameca comprend quatre unités hydrogéologiques : la plaine lacustre, la plaine alluviale, le piémont, les montagnes.

L'ensemble est hétérogène de par son origine volcanique et l'érosion. Les poches aquifères sont variables, et on distingue la zone lacustre, où la poche aquifère est concave et affleure, d'épaisseur variable de 5 à 200 mètres, et d'autres, lenticulaires. Dans les roches volcaniques l'eau peut être diffuse tandis que que dans la vallée de l'Amecameca on note l'absence de couches aquifères dans les premiers 150 mètres. Les relations entre ces couches aquifères restent peu connues et les analyses chimiques donnent des résultats qui montrent la variabilité de la qualité de ces eaux.

La mesure du risque de contamination des eaux souterraines est difficile à approcher, mais il est certain qu'elles ne restent pas à l'abri des pollutions d'origine anthropique, que cette pollution soit provoquée par les rejets de l'industrie, solides ou liquides, ou aériens, ou par ceux de la vie urbaine et des travaux effectués pour alimenter la ville de Mexico. Par ailleurs cette réserve d'eau ne cesse de diminuer dans son niveau. Les données sont peu précises, mais les mesures ont montré qu'en ce qui concerne la couche aquifère intergranulaire, la baisse fut de 19 mètres en 17 ans. On peut donc affirmer que la nappe phréatique profonde baisse de 1 à 2 mètres par an tant dans la vallée de Chalco que dans celle de Mexico. Cette eau est ensuite rejettée dans les canaux qui la draîne au Nord de Mexico toutes les eaux de ces vallées. La baisse de la nappe phréatique provoque des mouvements de sol (affaissement considérable de la ville même de Mexico), d'une manière irrégulière. Cet assèchement fragilise les constructions et aggrave les effets des tremblements de terre en faisant des sols de Mexico une zone qui entre en résonnance au moindre séisme.

Chalco fut un port important à partir du XVII° siècle, en bordure du grand lac entourant la ville de Mexico. Après les travaux de drainage effectués aux XVIII° et XIX° siècle, cette fonction disparut. L'entretien des drainages, alimentant le grand canal de Chalco ne semble plus assuré de façon adéquat. Le problème constitue un obstacle important, de plus en plus lié à celui, non résolu, de l'évacuation ou du traitement des eaux usées. La distribution de l'eau au sud de Mexico, se fait à partir de réseaux locaux autonomes. Au pied des sierras bordant Xochimilco se trouvent un grand nombre de puits et forages alimentant la région depuis plusieurs siécles. Leur exploitation excessive au profit de Mexico entraîne actuellement des affaissements de terrain et des éboulements.

La climatologie de la zone distingue trois saisons :

— une saison humide de 4 mois, juin à septembre, qui regroupe en moyenne 71% du total pluviométrique annuel ;

— une saison sèche de 6 mois, novembre à avril, qui regroupe en moyenne 12% du total pluviométrique annuel ;

— deux mois de transition, mai et octobre, qui reçoivent en moyenne 17% du total pluviométrique annuel.

Cependant des irrégularités fortes se décèlent, par exemple, la station de Milpa Alta a reçu 65 mm en 24 heures en janvier, au cœur de la saison sèche...

D'autres mesures ont été effectuées, principalement à la station de Milpa Alta (2450 mètres d'altitude) : une ensemble de 8 appareils y avait été installé (pluviomètre, pluviographe, thermomètre, évaporomètre, héliographe, hygromètre et anémomètre), et toute mesure fut effectuée journellement.

Les modèles et logiciels disponibles ont permis de modéliser et d'accorder les différentes mesures et les

conclusions en sont les suivantes : sur le bassin de Chalco le régime des précipitations est caractérisé par :
— des précipitations annuelles variant de 600 à plus de 1000 mm. Ces variations dépendent de l'altitude et de la localisation dans le bassin à une altitude donnée ;
— une période de pluie intense, de juin à septembre, avec 70% des précipitations de l'année ;
— des précipitations journalières ne dépassant guère 80 mm “une fois tous les 50 ans”.

Des traitements ont été effectués sur les données existantes (60 ans pour les précipitations, 30 ans pour les autres variables). On ne décèle pas d'organisation particulière (cycle, tendance, persistance) au cours du temps. Mais ces données sont insuffisantes pour apprécier un quelconque changement climatique éventuel, qui reste une inconnue quand on sait les bouleversements écologiques connus par la zone.

> **Un bilan hydrologique** classique consiste à préciser à l'échelle de l'année la répartition de la lame d'eau précipitée en divers constituants tels que : l'écoulement à l'exutoire du bassin, la reprise évaporatoire (nappe libre et évapotranspiration végétale), infiltration vers la nappe.

Le projet n'a pu calculer un bilan hydrologique complet de chaque sous-bassin, il n'a pu qu'apprécier la part représentée par l'écoulement à l'exutoire. La carte des isohyètes annuelles moyennes a permis de calculer la valeur des pluies reçues annuellement sur chaque sous-bassin :
— 715 mm pour le bassin San Marcos ;

— 885 mm pour le San Lucas ;
— 907 mm pour le San Luis.

Ce qui permet, en termes de débits spécifiques, c'est-à-dire rapportés à l'unité de surface, de dire que ces trois bassins connaissent respectivement des écoulement annuels moyens de 0,47 l/km2, 0,68 l/km2 et 0,49 l/km2 et que les écoulement annuels moyens sont de 2,1%, 2,4% et 1,7%. Cela signifie que la part de l'écoulement superficiel est extrèmement réduite dans le bilan hydrologique et que reprise évaporatoire et infiltration sont largement prépondérants. Ce qui ne permet pas de négliger les écoulements superficiels, déterminants pour les crues, comme on a pu le constater en 1991.

Histoire : un passé riche et tumultueux

L'histoire de l'homme est, dans le bassin de Chalco, une des plus anciennes de l'humanité : depuis 5000 ans l'homme y demeure et il y cultive le maïs depuis 1300 AC (Avant le Christ, pour garder la dénomination classique).

L'opinion générale des archéologues est que Tlapacoyan, et donc la région de Chalco, est le probable berceau de la civilisation urbaine de la période pré-classique non seulement de la vallée de Mexico mais des hauts plateaux centraux de la Méso-Amérique, avant donc l'éruption du Xitle, en 300 avant notre ère, qui détruisit Cuicuilco, provoquant ainsi le déplacement des populations urbaines vers Teotihuacan, joyau de l'époque classique, installé sur les plateaux du nord de la vallée de Mexico. Après la période classique, quand s'effondra l'influence de Teotihuacan au profit de Tula, et quand cette dernière se fit moins pesante, du XIII° à la conquête espagnole, les Chalcas s'allièrent régulièrement à la plus faible des seigneuries composant la Triple alliance (cette Triple alliance eut une configuration, mouvante au cours des décennies, centrée autour d'Azcopotzalco), de façon à conserver ainsi, sinon une liberté, du moins une autonomie dans l'espace politique mouvant de la vallée. Mais Azcopotzalco vaincu par les Mexicas de Mexico-Tenochtitlan, une campagne aztèque réduisit Chalco à la soumission autour des années 1450 à la suite d'une guerre qui semble avoir duré une vingtaine d'années, guerre qui montre et l'acharnement à conquérir ces terres de la part des Mexicas et la capacité économique et politique à résister des Chalcas, qui, situés à une des portes des échanges de la Méso-Amérique, contrôlaient la Passe de Cortès, que le Conquistador emprunta entre le Popocatépetl. et l'Iztaccihuatl en novembre 1519. Chalco contrôlait également l'accès à la vallée de Puebla et, par l'Ajusco, la passe qui menait à Quauhnahuac, l'actuel Cuernavaca. Porte d'accès avec d'autres vallées et plaque tournante du commerce méso-américain, Chalco se devait d'être réduit par l'empire aztèque dont la poussée hégémonique débordait largement la Vallée de Mexico.

La trace de cette histoire se vit quand, les Espagnols arrivant, la posssibilité de redevenir libres parut possible aux seigneurs de Chalco. Si certains rallièrent leurs nouveaux maîtres aztèques, les autres accueillirent les conquistadors en leur offrant vivres, bijoux et femmes. La fin de l'histoire nous est connue, la liberté obtenue à la suite de l'effondrement de México-Tenochtitlan fut éphémère. Les Chalcas n'avaient fait que changer de maîtres.

L'intérêt stratégique et économique de Chalco ne s'affaiblit pas avec la conquête espagnole, Hernan Cortés, conquistador mais homme d'affaires avisé, le conserva toujours pour lui, avec quelques aléas dus à ses retours en Espagne. Après lui, terre riche, la terre chalca fut toujours disputée entre les Indiens et les Espagnols dans des confrontations parfois violentes qui donnèrent son paysage aux haciendas. Les hacenderos, appuyés sur la force, envahissaient les terres communautaires que les Indiens, affaiblis par les épidémies, ne pouvaient plus occuper. Une politique de "regroupement" de populations eut lieu. Pourtant la structure politique finale, la conquête s'étant vraiment installée, ne niait pas les Indiens qui conservèrent toujours quelques gouvernants reconnus par la Couronne.

Au XVIIIe, Chalco fut un des centres qui connurent une rapide croissance et récupérèrent leurs populations indigènes (doublement à chaque siècle, passant ainsi de 11 640 habitants en 1644 à 51005 en 1805). Un des signes de cette aisance se lit dans le fait que Chalco put être très influencée par les lois sur l'enseignement promues par la Couronne espagnole. Le maïs de qualité que produisait

Chalco, et sa proximité de la capitale de la Nouvelle Espagne en fit le centre alimentaire de Mexico, qu'elle approvisionnait par voies d'eau. La production de Chalco arrivait à Mexico par canaux et le transport prenait de 8 à 10 heures. Cependant, malgré les systèmes d'irrigation, les haciendas produisaient le maïs dans des conditions technologiques basses. Ces conditions perdurèrent jusque vers 1860, renforçant ainsi les freins vers une évolution capitalistique et productiviste. La terre changeait souvent de mains, se concentrait, et l'Eglise en acquérait de toujours nouvelles. L'objectif d'une politique libérale visait plus la destruction d'une propriété communale des terres qu'une amélioration des conditions de la production. Le maguey, pour la production du pulque (sève du maguey consommée en boisson), se répandit dès la fin du XVIII . Chalco disposait également de chinampas, ces jardins flottants fixés par les cultures, sur lesquels s'effectuaient du maraîchage. Chalco était également un centre de transit des produits des terres chaudes basses : bois, piments divers (chile), sucre, mais aussi sable, bois, farine...

Au milieu du XIX°, on assécha le lac. Le chemin de fer prit la relève des canaux. En 1867, la Ley Lardo, qui visait le monopole ecclésiastique, mais aussi la transformation de la propriété communale en propriété individuelle, frustra les espérances des journaliers et artisans, base social du Parti libéral durant la guerre de la Réforme et celle contre l'intervention française. En 1881 furent éliminés par exécution militaire les derniers leaders paysans sans pour autant imposer le calme dans la zone. En 1899 une rébellion reprend, et la révolution de 1910 va permettre aux Chalquenses d'utiliser la large expérience de la lutte armée que trois décennies leur avaient enseignée.

En même temps, l'industrie s'implante : 1840 la première fabrique textile s'y installe. Une vie ouvrière agitée va ponctuer les luttes paysannes. En particulier reste célèbre la grève de Miraflores. Tous ces mouvements sociaux permirent la construction de ligues paysannes, ouvrières ou d'artisans.

Les terres de Chalco asséchées permirent l'embouche du bétail et la création d'un centre laitier, encore vivace aujourd'hui.

C'est donc dans cette zone que deux institutions, l'une française et l'autre mexicaine, appuyées financièrement par la Communauté européenne, décidèrent de joindre leurs efforts pour implanter un projet qui visait à l'étude du complexe ville-environnement.

Chapitre 6

El Valle de Chalco comme ville

Une connaissance tournée vers l'action

Le projet est né d'une rencontre entre les objectifs de deux institutions, ceux de la UAM (Universidad Autonoma Metropolitana) – Unité de Xochimilco – et l'Orstom, Institut de recherche pour le développement, devenu depuis IRD, qui voulaient monter un projet scientifique sur la volonté commune de comprendre les phénomènes d'urbanisation, de changement du milieu naturel sous l'impact de l'urbanisation tout en envisageant le processus d'urbanisation comme phénomène global et le souhait d'utiliser les moyens de pointe permettant des études en temps réel (montage d'un système d'information géographique informatisé s'appuyant sur les données fournies par la télédétection en particulier) et de transférer les connaissances acquises à la sphère des décideurs, qu'ils fussent étatiques ou autres (agences privées, associations de la société civile...) montraient une même orientation dans le projet scientifique de la part des deux partenaires.

Cette collaboration scientifique a été appuyée par une autre volonté, celle de la Commission des Communautés européennes, qui accorda un fort financement au projet. Un Comité scientifique regroupant les partenaires et la

Représentation à Mexico de la Communauté européenne pilotait le projet.

La ville de Chalco, ville périphérique, née d'une manière dite "spontanée" il y a une dizaine d'années sur les terres agricoles (des pâturages en fait) occupant l'ancien lac de la ville de Chalco qui remonte aux origines du peuplement de la Vallée de Mexico apparut comme un lieu idéal pour cette action de recherche empirique.

Les produits espérés de la collaboration portaient tout autant sur l'accroissemet des connaisances, que sur le montage de technologies adaptées, la formation de professionnels de haut niveau chez les deux partenaires et l'ancrage du monde de la recherche à celui des décideurs. Il ne faut pas oublier que ce projet avait un but essentiellement pratique : fournir des propositions adaptées aux questions essentielles que pose l'urbanisation. L'on a pu résumer l'objectif ce projet Chalco en disant qu'il visait à construire une analyse-système de la croissance urbaine et de la dégradation de l'environnement afin d'appuyer l'action administrative et celles des groupes sociaux et agences de tous ordres impliqués dans l'action de l'amélioration et du contrôle de l'urbanisation. Analyse-système ville-environnement et modélisation des effets et contraintes, tels étaient en résumé les objectifs centraux de ce projet. La maîtrise de l'eau parut être des questions que l'on pouvait étudier dans un premier temps ; en effet, les questions de contamination aérienne ne purent l'être pour des raisons de non-disponibilité de personnels. Apporter des capacités de réponses à un phénomène beaucoup étudié mais mal connu, et encore plus mal maitrisé, était une idée centrale du projet et le montage d'un Système d'information géographique (SIG) parut un instrument stratégique pour l'action. Pour pouvoir obtenir un SIG, de nombreuses investigations furent engagées, de terrain, de documents, d'archives et d'observations, requerrant plusieurs disciplines ainsi que l'usage de la télédétection (SPOT en particulier) et l'usage d'ordinateurs et pogrammes de pointe. Depuis ces années, les avancées sur ce type de recherches ont fait de grands bons qualitatifs et quantitatifs aussi, n'insisterons-nous pas sur cet aspect.

Au contraire de beaucoup de projets multiciplinaires menés un peu partout dans ces années sur le plan international, la réussite de ce projet est à porter au crédit des institutions, tant mexicaines, qu'européennes qui animèrent cette action de recherche.

Une zone agricole sous l'assaut de l'urbanisation

L'implantation d'un habitat urbain dans une zone agricole pose tout de suite le problème du rapport de forces entre ville et campagne. On parle de la force de celle-là, on peut aussi s'interroger sur la faiblesse de celle-ci : savoir comment une zone agricole riche, réputée pour son maïs (chalqueño), pour son élevage, a pu céder ainsi devant la poussée urbaine. En termes relatifs, la rente foncière rurale recule devant la rente foncière urbaine, cette dernière étant nettement plus avantageuse. La baisse constante de la rémunération du travail agricole amène un abandon des cultures ; les terres cessant d'être travaillées et irriguées la salinisation en compromet la culture. Dans le cas particulier de Chalco, le bétail n'arrive plus sur pieds, il est abattu dans les zones de production de viande, l'embouche n'est plus nécessaire. Par ailleurs la contamination de la nappe phréatique compromet les pâturages destinés aux bêtes à lait... L'humidité étant le facteur agricole limitant dans cette zone, la variation annuelle des précipitations rend précaire l'agriculture de temporal (sous pluies). Pour le municipe de Chalco, sur 27 442 mille hectares, 12 mille sont en temporal et 362 irrigués (Sources : Gobierno del Estado de México, Toluca ; SEI, 1987 ; OCEC, 1989 ; CODAGEM, 1989). Tous ces facteurs affaiblissent la rentabilité du travail agricole. Mieux et plus rentable est de vendre les terres à des citadins. Surtout si ces terres ne vous appartiennent pas. Car le système ejidal, qui a institué la propriété collective des terres aux communautés agricoles après la Révolution mexicaine, se révèle mal adapté à protéger les terres agricoles face à la poussée de l'urbanisation. En effet, l'usufruit des terres a provoqué une parcellarisation peu à même d'affronter les nouveaux défis de l'agriculture d'aujourd'hui. A Chalco aujourd'hui, avec la division des parcelles dûe à la croissance démographique, la dotation éjidale est de 1,7 ha. Notons que la zone sud-est de Chalco reste consacrée à l'agriculture et là se trouvent les terres et les meilleures et de grande propriété. Cette question de la propriété des terres est d'ailleurs un des thèmes majeurs de la recherche urbaine au Mexique, et sur Mexico particulièrement.

Ces “ventes” effectuées par les paysans n'ont rien de légal et, apparemment, dans les années soixante dix, quand s'installèrent les premiers urbains à Valle de Chalco, les choses étaient plus floues qu'elles ne le sont aujourd'hui. On se construisait une petite maison sur un lot "prêté-loué" par un paysan... mais la ville a une logique d'expansion de sa périphérie urbaine, sa mancha urbana, qu'elle sut/dut vite imposer. Chacun des contractants de ces transactions en savait l'irrégularité légale, mais chacun, pour des raisons différentes, n'avait guère de choix. Avec les années, quand la ville voisine de Nezahuatlcoyotl fit son plein, d'une manière tout aussi irrégulière et illégale que le Valle de Chalco actuellement, le paysan, affronté à une agriculture en perte de vitesse, menacé d'une invasion de "parachutistes" et l'urbain cherchant un lieu pour sa famille avaient, et ont, tout intérêt à s'entendre.

De toute façon, c'est le nouvel arrivant qui entre dans une espèce d'enfer administratif et politique. Il devra se faire reconnaître par les autorités en tant que nouvel arrivé, en tant que propriétaire, et faire reconnaître son habitat comme urbain... Mais ces terres acquises illégalement ne sont pas à l'abri d'une spéculation (ventes en cascades, vente multiple du même lot) ou d'un envahissement. Les tierras de nadie, qualifiées ainsi par des pauvres chassés de la ville en quête d'un lieu à la mesure de ses faibles revenus sont occupées et ensuite on cherche un arrangement avec le/les propriétaires... Il est difficile d'imaginer la tension nerveuse dans laquelle les gens de Chalco se trouvent de par toutes ces logiques contradictoires : nécessités d'une vie impossible, pression limitante de bas revenus, logique marchande et donc spéculative ; logique illégale et donc malhonnête et laissant le nouveau propriétaire à la merci des administrations ou victime des *tramites* courtelinesques de la bureaucratie d'État ou municipale). Ainsi, le cas s'est présenté de trois familles revendiquant une même terre qu'elles venaient d'acheter.

On appelle *paracaïdistas*, parachutistes, les membres des opérations que des masses urbaines, pouvant atteindre plusieurs centaines de personnes, effectuent en envahissant des terres plus ou moins libres, et vides, s'y installant, parfois en une nuit, construisant des maisons, parfois en parpaings, etc... l'idéologie du système, "révolutionnaire", les fondements du PRI, Parti révolutionnaire institutionnel, gêne toute action étatique de répression ; par ailleurs, certains articles des lois fondamentales du Mexique, reconnaissant à tout un chacun le droit de disposer d'un lieu et d'un toit, facilitent la légalisation ultérieure de ces "cités sauvages" dont certains aspects organisationnels en disent long sur la capacité de la société mexicaine à se prendre en charge. En effet ces opérations n'ont rien de spontané ; elles sont soigneusement planifiées et impliquent tout un réseau vertical d'alliances et un tout réseau horizontal de confiance mutuelle entre les opérateurs

Une fois propriétaire de fait et installé, ou ayant marqué par une bonne clôture son droit de propriété, l'occupant régularise sa situation et celle de son lot nouvellement acquis. Cette procédure est longue et coûteuse, en temps, en argent, en énergie, elle s'effectue à la CORETT (Comité de régularisation de la tenure de la terre) et, en même temps, plus ou moins aidés par la municipalité, les colonos tentent de viabiliser les lieux...

Le modèle de Valle de Chalco reste la ville voisine de Neza (pour Nezahuatlcoyotl) sur qui chacun se plaît à dire que Chalco est pour les années 90 ce que fut Neza dans les années 60-70... S'il est vrai que le processus parait le même (envahissement de terres agricoles, régularisation de la population et de la terre, puis urbanisation par des services publiques) ; il n'en est pas moins une différence fondamentale : la situation écologique dégradée – et dont s'accélère la dégradation. On peut parler d'une certaine saturation du système global : l'environnement détruit, le sol fragilisé, le gigantisme de la ville, les coûts croissants de recherche de l'eau, de transports, de gestion... tout cela doit être pris en compte pour comprendre que déporter le cas de Nezahuatlcoyotl sur Chalco est un peu une utopie sur la capacité du laisser-faire à régler les problèmes urbains du XXI° siècle. Le système se pervertit, les meilleures intentions se voient déviées, les effets que l'on pourrait qualifier de "chaos", au sens scientifique du terme, s'accroissent (un problème jugé autrefois comme mineur devient déterminant), les investissements se perdent (exemple des tubes d'évacuation des eaux usées, avec les mouvements du sous-sol, se sont trouvés être à contre-pente). C'est d'ailleurs ce défi qu'a entendu le Gouvernement des États Unis du Mexique quand il a lancé des actions spécifiques de son grand programme social Solidaridad sur Valle de Chalco, la "zone marginalisée la plus étendue d'Amérique Latine".

Le tracé urbain

Le tracé urbain de Valle de Chalco est l'exemple typique d'une conception urbanistique brisée par la réalité. Le tracé urbain est de type orthogonal, ou en damier, variant dans l'orientation, comme dans la dimension des *manzanas* (ensembles de maisons séparés des autres par des rues). Il existe également des tracés irréguliers, déterminés par les accidents topographiques. C'est un conglomérat de lieux, peuplés par des ruraux et/ou par des urbains, qui datent d'époques différentes ; cette hétérogénéité des vagues de peuplement explique la carence de structure urbaine et les différentes routes et canaux qui la traversent sont des obstacles empêchant la constitution du site comme entité urbaine. A cette carence du tracé répond également une carence d'édifices publiques (quelques-uns sont cependant en cours de construction par Solidaridad) dont la présence signifierait et créerait une image urbaine, On a vu en Première partie que le pari a été tenu.

La zone dite Valle de Chalco est constituée par des quartiers et ejidos au nombre de 31 ; elle couvre une superficie de 3 926 Ha., répartie de la manière suivante :
– 58% zone d'urbanisation ;
– 31% zone d'agriculture et d'élevage ;
– 10% terrains vagues interurbains ;
– 10% voierie.

Les grands axes, régionaux ou locaux présentent des irrégularités, tant dans leur dessin, que leur largeur ou leur capacités différentes de trafic. Signalons aussi leur hétérogénéité. Une même voie peut varier d'une fonction de route à celle d'un chemin piétonnier. Ceci concerne même les grands axes qui, en certaines parties, paraissent vraiment pour ce qu'ils sont, des axes, alors qu'en d'autres ils s'effacent dans le paysage urbain, se dissolvant dans les rues, déroutant qui les suit... Certes, ce type de dissolution dans le paysage se passe plus fréquemment avec les axes locaux, mais des cas portent également pour certains axes régionaux.

Les maisons, elles, marquent le paysage urbain de la même précarité : le tiers d'entr'elles n'a qu'un niveau de construction. S'il y a peu d'habitations faites de bric et de broc, toutes n'en gardent pas moins un caractère inachevé de par leurs clôtures hétérogènes et partielles, leurs toits de carton. Attendant un second niveau, ou un troisième, elles dressent vers le ciel leurs fers à béton chapeautés de bouteilles qui les protègent des intempéries. Jusqu'en novembre 1989, l'approvisionnement en eau était aléatoire, celui en énergie électrique précaire. Le paysage urbain, aérien surtout, présentait un lacis de fils qui s'entrecroisaient en pelotes partant des rares lignes "officielles" pour se disperser vers les maisons. Chaque "propriétaire" de ligne la marquait de chiffons, afin de la suivre et de la retrouver quand elle se rompait. Sur les flancs des volcans, c'était surtout le cas du Xico, les lignes couraient à travers les herbes et dans les arbres pour alimenter quelques maisons éloignées.

En novembre 1989, le Gouvernement perça des forages et alimenta en eau les habitants par des pipas, camions-citerne, installa des lignes électriques, plantant des poteaux, installant des prises à chaque maison, pour ensuite y mettre des compteurs... un éclairage public naquit avec cette rapidité surprenante dans l'exécution des décisions au Mexique. Des bornes-fontaines furent installées, des chantiers de bâtiments publics s'ouvrirent... Valle de Chalco devenait une ville, ou une volonté urbaine, et plus seulement un appendice spontané de Mexico.

Chapitre 7

Une société en devenir

Population et société : un devenir

Dans la vallée de Chalco l'établissement humain commence à la fin de la décennie 70 et atteint aujourd'hui une population de 365 000 habitants environ, selon les calculs obtenus de la photointerprétation des indices d'occupation des sols et de la densité de population. Selon les chiffres des services des statistiques municipales du Gouvernement de l'État de Mexico pour le recensement de 1980, la population de toute la commune de Chalco de Díaz Covarrubias – dont Valle de Chalco – était de 72 644 habitants dont 5 749 personnes vivaient dans les zones rurales. Ces données permettent de mesurer l'ampleur de la croissance démographique et de l'importance que revêt le phénoméne social qui se manifeste par le passage, irréversible, d'un état rural à un état urbain. Ce changement d'état n'est pas à l'abri de résistances et d'effets pervers puisque les modes ruraux de vie se transfèrent ou se récupèrent au cours de cette étape par la pratique d'élevage de volaille ou de porcs dans une tradition qui relève typiquement de la paysannerie pauvre : bêtes et gens partagent les mêmes espaces, avec les conséquences sanitaires que l'on imagine pour les enfants dans cette zone à risques. Cet élevage révèle une certaine pratique d'autoconsommation et permet aussi un certain revenu complémentaire (38% des familles élèvent de la volaille et 15%, des porcs).

Dans des processus comme celui que connait Valle de Chalco, l'urbanisation, en tant que phénomène social, économique et politique, se superpose aux faits quotidiens de la vie rurale dont les manifestations se voient dans les étables qui subsistent encore, avec la présence de chevaux, de mules et d'ânes en tant que bêtes de somme ou de trait. Car il subsiste encore, principalement à la base du Xico, des "fermes", traces de ce qui fut l'activité principal de la vallée.

Le peuplement de Valle de Chalco s'est fait suivant un vertigineux processus d'expansion urbaine de la zone conurbaine de Mexico, en particulier vers l'est. La croissance accélérée, presque explosive, est le produit d'un ensemble de courants migratoires qui convergent vers la ville de Mexico, et de courants migratoires qui divergent d'elle en direction de zones voisines. Ces groupes sociaux, généralement à bas revenu, se déplacent à la recherche de logement à la périphérie, tout en travaillant au centre ville.

Dans ce contexte, le logement se présente comme un problème grave, autant pour les immigrants que pour les groupes sociaux plus ou moins défavorisés dans le marché du logement de la ville de Mexico, soit à cause de la pénurie d'habitations, surtout depuis le tremblement de terre de 1985, soit à cause des prix très élevés des appartements ou des maisons, soit à cause de la montée constante des impôts fonciers, du prix de l'eau, de l'énergie électrique et de tous les services urbains dans la ville même de Mexico.

C'est donc l'expulsion d'une grande masse de la population pauvre de la grande ville vers la périphérie et les municipalités voisines que l'on constate. On constate de même un mouvement de rejet à partir des municipalités urbaines périphériques vers de nouveaux établissements humains comme Valle de Chalco. Donc on peut dire que dans cette vallée se conjuguent deux causes significatives de colonisation par migration et d'ailleurs 96% des familles interrogées sont immigrantes. Nous avons une grande variabilité de la densité de population selon la colonia, ce qui est la marque des vagues successives de peuplement. Tous les migrants visent le même objectif : posséder un lopin propre comme base d'un patrimoine tel est le cas de de 88% des familles.

Les sujets enquêtés réalisent des activités nettement différenciées et le tiers des personnes a un travail rémunéré. Compte tenu des groupes d'âge et des consensus sociaux en vigueur ; 70% de la population se considèrent comme des agents économiquement actifs. Il a été observé, avec surprise, que seulement 2,2% des personnes affirment être en chômage au moment de l'enquête. Ceci montre la forte motivation au travail des gens de Valle de Chalco, et également le fait qu'ils ne sont guère regardants quant à la rémunération. Travailler, contribuer aux revenus du ménage et de la famille, oriente totalement les habitants de la vallée. Une infime minorité.

La famille typique dans cette région est constituée d'un chef de famille, principalement homme, de son conjoint et de ses trois enfants. Cela signifie que les familles sont nucléaires et composées de cinq membres en moyenne. Cependant, s'il y a des familles où l'un des conjoints est absent ou inexistant, alors, généralement, le chef de famille est une femme. Il y a aussi des familles qui reçoivent des parents consanguins ou par alliance. Bien qu'on ait trouvé des familles de 14 membres, l'enquête révèle que le cas typique est celui de la famille nucléaire de cinq personnes à laquelle vient s'ajouter quelque proche parent pour former ce qu'il est convenu d'appeler une famille élargie, vivant sous le même toit.

Démographiquement parlant les données montrent que la population masculine représente 49,9%, et la population féminine 50,1%. Le pourcentage de jeunes de moins de 19 ans est de 56,1%, et le pourcentage de personnes âgées de plus de 50 ans est de 5,4%. La population est donc jeune, composée de familles de formation récente. Les migrations sont dues au fait que la régularisation de la propriété foncière dans les villes oblige à payer des impôts, droits et taxes divers hors des possibilités de ces sujets qui se voient donc dans l'obligation de partir. On peut dire que 91% de la population interrogée ont été "expulsées" de la métropole de Mexico ; des autres sujets, 6% sont arrivés directement à la vallée et 4% ont pour unique lieu de résidence Valle de Chalco (ce sont des originaires de Xico Viejo).

Cette enquête a montré une population jeune confrontée à un processus culturel : celui du passage d'un mode de vie rural à un mode de vie urbain. Cette transition implique pour cette population la réalisation d'une grande diversité d'activités nouvelles principalement le travail salarié et les études. Il lui faut donc des installations scolaires, culturelles et aussi, plus tard, des emplois. Si ces installations et ces emplois ne se trouvent pas sur place, avec le chômage, les problèmes sociaux, notamment la délinquance et le vandalisme parmi les jeunes, constitueront un danger social réel pour les habitants. La prostitution aussi se présentera comme moyen de subsistance pour les femmes jeunes et certains jeunes gens, ce phénomène de prostitution masculine apparait dès maintenant, visible, à Valle de Chalco. L'alcool et la drogue trouvent ainsi un terrain de choix. Si le deuxième phénomène reste encore dans le cadre du "on-dit", le premier parait bien implanté. Les nombreux heures de travail et de transport, la fatigue, la pollution de la zone, obligent en quelque sorte beaucoup d'hommes à abuser de moyens artificiels pour se maintenir en état de travailler. Beaucoup de nos informateurs font état de femmes battues en pleine nuit quand les hommes rentrent du travail excédés de la vie qu'ils ont.

Sans aucun doute on peut dire que, vue globalement, la propriété de la terre revêt une importance capitale dans la complexité du problème social et urbain dans la zone étudiée. En effet, c'est sur ce point que se manifestent, avec toutes les nuances imaginables, les accords et luttes, explicites ou non. L'achat et la vente de terrains et de logements s'avèrent être les motifs principaux de conflits et d'accords tant que les immigrants n'auront pas acquis une certaine sécurité que leur confèrera la propriété légale de la terre. Dans la zone de Chalco la "régularisation" de la propriété de la terre apparait plutôt comme un don dû à la générosité des pouvoirs publics qu'à la jouissance stricte des droits des citoyens. Ici nous devons rappeler que les immigrants de Chalco sont caractérisés par le fait qu'ils sont exclus du marché du logement de la ville de Mexico et des autres centres urbains qui l'entourent.

Les organismes gouvernementaux comme la CORETT et la CRESEM ont été créés pour légaliser l'occupation des terrains à usage de logement, à condition que soient satisfaites les règles administratives et juridiques qui régissent les terres des ejidos et des communes. En principe ces terres sont inaliénables, même si elles deviennent inutilisables à la production. En effet, la vente des ejidos étant interdite, les problèmes juridiques de leur possession se transfèrent aux acheteurs qui sont les actuels habitants de Valle de Chalco. Par conséquent, ceux-ci vivent dans l'angoisse de perdre argent et propriété, et de se voir obligés de réaliser des démarches administratives obligatoires pour obtenir le droit de propriété définitive. 26% des familles interrogées reconnaissent qu'elles n'ont pas pu légaliser l'occupation de leur lot ; 46% de ces familles réalisent encore avec beaucoup de difficulté les démarches en vue de cette légalisation, et, enfin, 28% ont leur titre foncier.

La propriété de la terre n'est pas l'unique difficulté qu'affrontent les habitants de ces établissements humains. Ils doivent aussi faire face aux problèmes mêmes du logement en ce qui concerne les dimensions de celui-ci, la distribution interne des espaces, compte tenu des us et coutumes et de la situation économique des sujets. Il faut ajouter que cette population, à cause de ses revenus souvent inférieurs à deux salaires minima ne peut prétendre à aucun crédit en vue de construire ou d'améliorer son logement, souvent acquis par la vente de biens antérieurs, comme la voiture. Les constructions commencées ne se terminent qu'après de longues années. Selon les niveaux d'avancement atteints dans la construction, les types de matériaux utilisés et les emplacements, les logements sont classés en trois catégories :

— logements provisoires où les murs sont en matériaux de récupération (bois, lames de carton...) ; les toits sont en carton, zinc ou bois et les sols en terre battue ;

— Logements précaires : les murs sont en briques mais dépourvus de fondations et de structure ; les toits sont en tôle ondulée ou en carton ; les sols peuvent être en ciment ou en terre battue ;

— Logements populaire consolidés : les murs sont pourvus de structure en béton armé, les toits et les sols sont en béton.

Une population en majeure partie jeune, des familles de plus de cinq membres, l'exigüité des espaces, la carence de services publics essentiels, tels que les systèmes d'adduction d'eau, de drainage des eaux usées, constituent un ensemble d'éléments générateur de conflits et de tensions sociales. Par exemple, dans 80% des logements occupés par les familles étudiées, il manque au moins deux chambres-à-coucher, certaines chambres sont à usages multiples. Si dans 73% des logements il existe une pièce spécifiquement destinée à la cuisine, dans 27% cet espace sert aussi comme dortoir, salle de séjour et salle à manger. Il est manifeste que dans certaines maisons la cuisine joue un rôle privilégié par le fait d'être le centre de la vie commune, comme en milieu paysan. C'est l'espace de rencontre des membres de la famille tant au moment de la préparation des aliments qu'au moment de leur consommation. Ainsi la cuisine assure les fonctions de salle de séjour, de salle à manger et même de chambre à coucher. C'est le point central de la vie familiale. Ces conditions caractéristiques d'entassement provoquent des effets pervers qu'il n'est pas difficile de prévoir.

Le programme Solidaridad a permis que 83% des logements reçoivent légalement de l'énergie électrique. Jusqu'en mars 1990 la fourniture d'énergie électrique était illégale et les gens branchaient leur ligne directement sur les lignes de haute tension, sur les transformateurs ou sur des panneaux installés par les "leaders" locaux ou les assemblées des quartiers. Les personnes qui ne reçoivent pas l'électricité sont celles qui n'ont pas contribué aux frais d'installation des lignes électriques ou dont les quartiers sont de création récente (quelques mois). L'introduction de l'énergie électrique a amélioré les conditions de sécurité des personnes (éclairage publique en voie de renforcement) et a augmenté le confort dans les foyers.

Si le programme Solidaridad a augmenté le prix de l'électricité (lequel était avant "volé" avec l'accord tacite de tous par des lignes électriques branchées directement par les gens sur les lignes et compteurs) quand celle-ci étant devenue payante, l'eau par contre a vu son prix chuter de 10 à 1 parfois. Et la mise en service prochaine de fontaines publiques alimentées par le réseau va encore provoquer un effondrement des prix.

La distribution de l'eau se fait pour les 84% de la population par camions-citernes, dits pipas. L'eau provient de quatre forages équipés qui alimentent la navette des camions-citernes, privés ou du programme Solidaridad. Un embryon de réseau d'adduction d'eau arrive à 9% des familles. Le reste de la population reçoit l'eau par des points d'eau publics ou de puits artésiens. Quand les familles sont alimentées par des pipas, dans leur presque totalité elles conservent l'eau dans des fûts de 200 litres ou dans des citernes dépourvues de couvercle et l'exposent ainsi à la contamination aérienne. Si l'eau que les familles reçoivent n'est pas propre à une consommation humaine sans traitement, chimique ou après une longue ébullition, on constate que seules trois familles sur dix font bouillir l'eau qu'elles consomment.

Les eaux usées sont évacuées directement au sol (c'est-à-dire qu'on la jette plus ou moins loin de l'habitation selon qu'on la juge plus ou moins sale), et le service public de ramassage des ordures est inexistant. Les familles se débarrassent des ordures comme elles le peuvent : les unes, la plupart, les déposent tout simplement sur la voie publique ; les autres les brûlent ou les enterrent.

La carence de régulation policière se manifeste par un simple chiffre : 23% de personnes interrogées ont été l'objet d'attaques sur la voie publique ou dans leur domicile. L'infrastructure commerciale est également d'une grande pauvreté malgré les nombreux points de vente : plus de 3 000 – essentiellement des commerces d'alimentation. L'insuffisance des transports publics se conjugue aux autres facteurs pour expliquer la prolifération du petit commerce privé et des prix élevés des biens à Valle de Chalco, et leurs effets négatifs sur les ressources déjà réduites de ces familles. Tout cela a pour résultat final les hauts niveaux de malnutrition que l'on observe. Le fait que les voies de circulation soient en mauvais état (rues non goudronnées, absence de trottoirs) crée d'autres difficultés – et des risques d'accidents – aux habitants qui doivent se rendre au District Fédéral. En effet, les rares véhicules de transport public ne passent pas près des logements, ce qui oblige les gens à marcher sur de longues distances et à payer des tarifs excessifs pour un service de mauvaise qualité parce qu'incommode, lent et long. Trois compagnies de transport desservent quatre itinéraires. Pour arriver à leur lieu de travail, les ouvriers de Chalco prennent au moins 110 minutes et changent 5 à 9 fois de moyen de transport, ceci dans la fumée de la circulation et le bruit, facteur pollution rarement cité mais que les habitants notent comme un des facteurs principaux des nuisances qu'ils subissent dans leur travail et hors leur habitation. On comprend alors que 66% des sujets interrogés estiment que le service de transports est très mauvais ; 32% l'estiment acceptable et 2% pensent qu'il est très bon.

en la red amarilla del alba,
en esa hora siempre solitaria
en ese autobús demasiado lleno
para esa hora siempre solitaria

Luis Cortés Bargallo

Valle de Chalco est donc une zone dortoir. Cependant la rue, en plus de son caractère de voie de circulation, est aussi un espace social dont le rôle va au-delà de celui de lieu de passage des piétons. Elle devient un lieu de rencontre, d'échange et de récréation, une prolongation du foyer pour beaucoup d'enfants et de jeunes gens, une expression de leur condition réelle de classe deshéritée et marginalisée. La rue serait pour ces gens un point d'intersection de deux espaces partiellement indépendants l'un de l'autre : la famille intime et sûre, et le collectif, externe et généralement dangereux. La rue joue donc des rôles divers comme lieu d'intégration sociale ou politique ; s'y réalisent les solidarités de groupe et où s'y résolvent les problèmes, par-delà la violence de certains affrontements.

Si l'on admet qu'il est indispensable pour cette population de disposer d'espace et de temps nécessaires aux loisirs en général, il faut reconnaître que Valle de Chalco en est presque dépourvue. En effet, on n'y compte qu'une salle de cinéma, quelques terrains de foot-ball inadéquats, une ou deux arènes de lutte et de boxe. Grâce à l'introduction de l'énergie électrique, le temps libre est consacré à la télévision chez 60% des chefs de famille, 70% des femmes et 71% des enfants.

L'enquête a montré aussi que, malgré des conditions globales défavorables, des groupes culturels se forment. Le contact avec la société urbaine se maintient à travers les relations de travail, cependant qu'une transformation des valeurs rurales s'observe comme conséquence des conditions matérielles qui prédominent : seulement 25% des personnes interrogées rendent encore visite à leur famille, 58% ne les voient que rarement et que 17% ne les visitent plus du tout, bien que la presque totalité des familles résidentes soient originaires de la région.

Une activité économique essentielle et cachée

Le secteur informel est une activité économique essentielle. Le quart des actifs mexicains travaille dans l'informel selon certaines sources (octobre 1991), cette statistique est encore plus forte pour Valle de Chalco d'où a disparu pratiquement toute usine. Ne restent que des ateliers tournés vers la construction de l'habitat de Valle de Chalco. Qu'une ville de 300 000 habitants surgie brusquement génère une activité économique propre paraît évident. L'intérêt d'étudier comment se développe et s'organise cette vie interne était d'un intérêt primordial. On pouvait se demander comment le secteur informel de Valle de Chalco répondait à ces énormes besoins accentués par la carence en services comme l'eau, l'électricité ou les transports et le rythme de croissance accélérée de cette ville (l'enquête sur le secteur informel ayant eu lieu avant l'entrée en scène du progamme Solidaridad).

Il existe au Mexique de bonnes et nombreuses sources d'information statistique : recensements et enquêtes diverses de l'INEGI, enquêtes gouvernementales particulières sur la nutrition, l'éducation, les revenus, la santé et le travail dont certaines réalisées spécialement sur Valle de Chalco par la FONHAPO ainsi que des sources moins traditionnelles mais qui couvrent de façon particulière la zone (registres administratifs divers relevant du gouvernement ou d'organisations syndicales ou populaires). Le rapport de la FONHAPO indique que 71% de la population active travaille hors de Valle de Chalco. Mais si dans d'autres domaines un état de la question a pu être réalisé, ceci n'a pu l'être en ce qui concerne le secteur informel.

Tenant compte du fait qu'il est bien sur difficile, par définition, d'obtenir des données sur les activités informelles, une approche du phénomène a cependant été tentée. Il ne fallait pas réduire le phénomène à des thèses comme celle de la pauvreté qui rejetterait les nouveaux arrivants vers cette périphérie. Valle de Chalco ne peut être identifiée comme le simple et seul regroupement d'une population marginalisée. Il aurait été alors trop commode de redéfinir le secteur informel comme l'ensemble de la marginalité pour renvoyer l'étude de Valle de Chalco à l'étude du secteur informel...

La recherche particulière sur le secteur informel nuance la thèse d'une corrélation entre croissance urbaine et industrialisation, sans pourtant aboutir à l'hypothèse inverse d'une croissance périphérique (en l'occurrence Valle de Chalco) qui serait en quelque sorte auto-entretenue et déconnectée de la croissance du centre de Mexico-ville. Il y a donc une distribution primaire nette de pouvoir d'achat et de circulation monétaire du centre vers la périphérie. Ensuite, s'organise au sein de la périphérie une circulation secondaire qui prend sans doute aussi l'allure d'un vaste secteur de subsistance (dit *informel*) mais qui ne peut fonctionner qu'en étroite symbiose avec le premier circuit.

Il est indéniable que la survie économique se réalise dans le secteur informel, seul lieu d'accueil pour des populations pauvres et marginales. Problématique du thème de la pauvreté et des modes de survie économique, ce qui est un peu différent, et à la fois plus large et plus précis dès qu'on ne se limite pas aux discours afférents au secteur informel qui concernent essentiellement l'emploi. Car le secteur informel ne se réduit pas à la pauvreté (tous les informels ne sont pas pauvres et la pauvreté est autre chose que de travailler dans une activité informelle).

La faiblesse des revenus est une des premières constatations, renforcée également par les données FONHAPO. La majorité des individus travaille en dessous du salaire minimum sans parler de ceux qui travaillent sans rémunération. Parmi les sédentaires, il a été enquêté plus de jeunes et plus de femmes. On peut penser que ces revenus sont d'appoint ou viables seulement au sein d'une unité budgétaire qui doit être familiale (femmes commerçantes, travail familial non rémunéré dont le produit va directement à la famille). Mais le choix d'un travail résidant peut également être motivé par d'autres raisons qui subordonnent l'acceptation d'un faible revenu ou d'un travail non rémunéré (coût et difficulté des transports, emploi du temps contraint par d'autres contingences, périodes de chômage ou d'apprentissage). A l'issue donc de cette enquête, il a paru donc plus intéressant de choisir comme unité d'enquête l'unité familiale plutôt que l'unité individuelle, de ne pas dissocier les revenus perçus de l'unité dans laquelle ils sont gérés, où se réalisent l'épargne et l'accumulation de capital, qui rend viables et acceptés les bas revenus.

Cependant, si c'est la pauvreté qui amène les migrants à Valle de Chalco, on peut se demander si Valle de Chalco ne condamne pas à la pauvreté ? Ou bien Valle de Chalco serait une étape dans la capillarité sociale ? Des hommes et des femmes chassés de la campagne, venus à la ville, s'y adaptant (première migration), puis se dirigeant vers Valle de Chalco, où s'effectue une première accumulation, et leurs enfants, urbains "100%" connaîtront une première ascension sociale... Avons-nous ici un phénomène classique d'ascension sociale ou bien y aura-t-il un phénomène de pauvreté auto-entretenue ? Dans cet ordre d'idée, on doit se poser la question du coût de Valle de Chalco : coût des transports qui impute les revenus et augmente le prix des marchandises transportées, coût du temps de transport qui réduit la disponibilité de temps au travail et la productivité des individus, coût dû à la carence en services de base, d'eau et d'électricité. Le travail à Valle de Chalco est plus coûteux à produire que dans les zones mieux desservies. La faiblesse des revenus des résidents de Valle de Chalco ne permet guère de répercuter ces coûts. On peut donc s'attendre à ce que cette production de services se fasse à faibles profits par une population "informelle" qui, pour diverses raisons, accepte une faible rémunération de son travail. On peut également s'attendre à ce que cette activité économique soit faible et ne réponde pas à la demande et aux besoins de la population de Valle de Chalco.

Quel serait l'effet économique du programme Solidaridad ? Telle était une des questions qui taraudaient l'équipe de recherche des années 1990 car il était assez étonnant de devoir travailler sur une réalité sur laquelle se lançait un programme gouvernemental !

Trajectoires sociales et trajectoires spaciales

On peut parler de l'installation à Valle de Chalco comme du moment de la première accession à la propriété par la population étudiée. L'accession à la propriété est pour tous impressionnante mais d'autant plus dans le cas des ex-locataires, dont 88% sont propriétaires pour la première fois et dans celui de ceux qui habitaient dans leur famille, 81%. A cette accession à la propriété correspond la transformation de certaines pratiques des nouveaux propriétaires, qui pourrait se résumer à un repli sur le foyer, avec un accroissement des activités de bricolage et de l'assistance aux réunions de quartier ; un profil familier des banlieues de petits propriétaires donc. L'analyse de ces transformations, telles qu'évaluées par les interrogés, met très nettement en lumière ce "repli sur la maison" qui concerne 63% des chefs de famille et 69% des femmes. Le lien entre repli et accession à la propriété est encore souligné par les faibles pourcentages de "repli" pour les non-propriétaires. Privations et sacrifices accompagnent l'installation à Chalco dans nombre de cas, et les facilités de paiement – par *abonos* – constituent l'une des raisons du choix du quartier. Tous ces faits ne font qu'accentuer la ressemblance avec les banlieues de petites classes moyennes.

La position dans le cycle de vie familial correspondant à l'installation à Chalco est certes familière, malgré ses spécificités. Viennent en effet dans la vallée surtout des familles, plutôt jeunes avec des enfants. 61% des chefs de famille et 75% de leurs épouses ont moins de 39 ans. et 53% des familles comprennent des cadets de moins de 4 ans. La première accession à la propriété est le fait de chefs de famille entre 30 et 39 ans. Un second groupe, se différenciant assez nettement du précédent, est constitué de nouveaux ménages, pour la première fois en logis. Ce groupe se compose de jeunes dont le lieu de résidence immédiatement antérieur était le domicile familial et dont le statut actuel varie largement. Enfin un dernier groupe comporte les résidents plus âgés. Ces résidents forment une catégorie non négligeable qui se subdivise en résidents de longue date, au profil antérieur proche de l'un des précédents, et en nouveaux résidents, aux maisonnées souvent nombreuses (petits-fils, etc) ; cette catégorie regroupe une bonne partie des ex-propriétaires.

Trois grands groupes correspondant à des étapes bien définies du cycle familial se dessinent donc et l'un des points communs qu'ils ont entr'eux pourrait être la difficulté financière, à la fois liée à la taille des familles et caractéristique du nouveau ménage. Ceci n'est cependant pas vérifié, loin de là, et devrait être mis en relation avec le 'degré d'accumulation' des familles. Des raisons de venue communes révèlent de plus une volonté de possession et un refus de la précarité de la location qui pourraient s'ériger en caractéristiques déterminantes.

Toutes ces familles sont de milieu social populaire (artisans ou ouvriers). La présence des petites couches moyennes traditionnelles, commerçants et artisans est toutefois loin d'être négligeable, les maîtres artisans et les commerçants ayant pignon sur rue représentant 11% de l'échantillon. La catégorisation de l'emploi met en relief la prépondérance des métiers de la construction et des artisans et l'importance des emplois journaliers ou domestiques. Il ne s'agit cependant pas des plus démunis, malgré la forte proportion de chefs de famille sans aucune qualification (36%) : prédominent en effet les ouvriers et ouvriers-artisans détenteurs d'un certain savoir-faire (policiers, camionneurs, chauffeurs, etc. inclus). Cette catégorie, qui comprend également les commerçants possédant un stand au marché et regroupe donc tous les chefs de famille détenteurs d'un petit capital monétaire ou de qualification, représente 41% de la population étudiée. Serait donc caractéristique de celle-ci la possession d'un capital technique certain (maçons et artisans) quand capital économique (commerçants) ou scolaire (agents de commerce et autres 'cadres') font défaut. Peut-être pourrait-on d'ailleurs avancer que l'installation à Chalco est souvent le fait de maçons et artisans qualifiés dont les prédispositions techniques portent à l'auto-construction. C'est tout du moins ce que laissent à penser les chiffres obtenus sur le recours (payant) aux services d'un maçon : 90% des apprentis maçons, 58% des apprentis artisans et 92% des ouvriers-maçons ont construit seuls leur maison, quoiqu'ils se soient parfois fait aider (famille, compères, amis).

> Les liens de compère/commère sont des liens fondés sur une certaine réalité sociale, un événement vécu ensemble (migration, voisinage…) sanctionnés ou non par une cérémonie – quoique souvent on choisira pour devenir témoin d'un mariage ou parrain de son enfant quelqu'un que l'on veut attacher à soi par des liens plus forts que la simple amitié. Ils sont plus électifs que formels mais restent fort réels face aux aléas de la vie. Ce système porte le nom de *compadrazgo*.

Dans la majorité des cas (52%) un salaire ou revenu unique assure la subsistance des maisonnées. L'on recense 2 emplois par maison dans 28% des cas et 3 dans 14%, ceux d'épouses en majorité, d'enfants adultes ou adolescents, et surtout d'autres membres de la maison, parents, frères et soeurs, cousins ou filleuls. Vivent en effet dans les maisons ou sur le même terrain un certain nombre de personnes extérieures à la 'famille nucléaire' (une personne au moins en sus de la famille nucléaire dans 22% des cas). De fait, vivent de un ou deux emplois des maisonnées de 6,15 habitants en moyenne, 3 enfants au moins résidant à la maison dans 64% des cas. Notons que le nombre d'emplois/maison croît selon le nombre de résidents et d'enfants.

L'étude de l'évolution intergénérationnelle de l'emploi montre un certain taux de reproduction des emplois, taux attendu dans le cas des emplois à capital technique et branches traditionnelles, où l'apprentissage est le principal mode de qualification. C'est ainsi que, par exemple, un tiers des fils d'artisans sont restés artisans, un tiers des fils de maçons sont maçons, ou qu'un quart des fils de chauffeurs sont chauffeurs. De même, succèdent à leurs pères les ambulants ou les policiers. Les chiffres sont, bien sûr, indicatifs étant donné les faibles pourcentages des emplois 'paternels' non-paysans.

Car la majorité des chefs de famille est bien, comme l'on pouvait s'y attendre, d'origine paysanne immédiate (50%). Ces fils de paysans sont essentiellement employés dans la construction (20%) ou occupent des emplois non qualifiés (18%) ou d'usine/atelier. Mis à part les cas des fils de paysans et des fils de commerçants – et peut-être celui des fils d'artisans –, prédominent donc stabilité et reproduction intergénérationnelles, peut-être du fait de la prévalence des métiers à mode de qualification traditionnel. En effet, ce n'est pas par l'école que les chefs de famille ont acquis leurs connaissances professionnelles et le degré de scolarité atteint reste faible quoique bien supérieur à celui de leurs pères : 13% n'ont pas été à l'école. Comparé aux chiffres de la génération précédente, le nombre d'analphabètes est faible : 45% des pères de chefs de famille et 59% de leurs mères étaient analphabètes, 76% et 81% respectivement n'ayant jamais été à l'école. Les chefs des familles enquêtées sont donc davantage scolarisés que leurs pères, tout en ayant plus ou moins les mêmes métiers (mis à part les fils de paysan) et le même statut social que l'on a mesuré au degré d' "expertise" dans le métier considéré (aides, employés, maîtres-artisans, commerçants, cadres), mais il ne permet pas une véritable évaluation de la richesse des enquêtés. Il a donc été construit une variable composite établissant des degrés d'accumulation – et non de richesse – suivant la possession ou non de certains biens. Ils permettent d'établir, malgré leur caractère approximatif, des distinctions plus fines entre groupes, la 'classe moyenne' étant constituée des familles possédant télévision et cuisinière (30% des cas) plus une 'salle de bains' (24%). Les plus riches sont ceux qui possèdent à la fois voiture, machine à laver, salle de bains, télévision, etc. (7%) et les plus pauvres ceux qui ne possèdent pas de télévision (13%). C'est la distinction entre possesseurs de machines à laver et possesseurs de voitures qui met en lumière des stratégies et pratiques relativement différentes. Par exemple les plus riches sont les commerçants et maîtres-artisans. Ils ont un profil plus 'traditionnel' : des 'plus riches', ce sont ceux qui ont moins eu recours au planning familial. Ce sont également ceux qui ont le plus consulté de guérisseurs (*curanderos*), ou éprouvent le moins d'embarras à l'annoncer.

Comme le montrent les chiffres sur l'emploi du père du chef de famille, c'est d'une population d'origine largement paysanne dont il s'agit ici. Quel a pu être le parcours de ces familles, et en particulier de ces chefs de famille d'origine paysanne ? En répertoriant les lieux de naissance en villages, bourgs et petites villes, grandes villes et capitales de province, apparaît corroborée l'origine paysanne de 50% de la population étudiée. A cela il faut ajouter une partie difficile à quantifier des personnes (18% des chefs de famille) nées dans des bourgs où les parents étaient paysans. Cependant, 29% des chefs de famille sont nés dans la zone urbaine de Mexico et 8% dans les capitales de province et grandes villes industrielles ou portuaires. De fait, l'étude de la provenance du chef de famille livre des résultats relativement attendus, quoique marqués par quelques absences, comme celle de l'État de Morelos pourtant voisin. Soulignons cependant l'assez forte prédominance du District Fédéral comme lieu d'origine et l'importance des États d'immigration traditionnelle du centre du Mexique, tels Puebla, Oaxaca et Mexico. Les chiffres obtenus pour certains États ne prennent d'importance qu'à l'analyse “régionale” par quartiers, du fait de concentrations spatiales par lieu d'origine, comme nous le verrons plus loin. Notons que pour les originaires de l'État de Mexico, 30% d'entre eux sont nés en zone métropolitaine.

L'étude de l'accession à la propriété, et surtout du statut dans la résidence antérieure en fonction de ce lieu de résidence, met en valeur des différences notables entre les différents quartiers ou municipalités de la zone métropolitaine et permet d'analyser les trajectoires spaciales.

De façon générale, les enquêtés de la vallée de Chalco ont eu pour résidence immédiatement antérieure Nezahualcoyotl, Iztapalapa, Iztacalco, le restant du District Fédéral, la municipalité de Chalco, les autres quartiers périphériques de l'État de Mexico et la province. Les familles qui sont arrivées directement de province sont surtout originaires de Puebla, Mexico ou de Veracruz. Certains de ces lieux de résidence semblent surtout être des endroits de location et de transit, comme le sont le centre-ville de Mexico ou Iztacalco.

> Rappellons que le Mexique comporte 31 états, plus le District fédéral – le D.F. Par ailleurs, il existe la ville de Mexico, l'État de Mexico ; Mexico Ciudad, comme ville, déborde quant à elle du district fédéral et s'étend petit à petit sur l'État de Mexico

Les raisons de déménagement et de l'installation à Chalco qui ont été avancées permettent de saisir les stratégies mises en oeuvre par les familles, les circonstances et les raisons de leur éventuelle accession à la propriété. Le désir de cette accession est essentiel, encore que d'autres causes sont avancées ou ont été mêlées à la décision de migration vers Chalco (comme la perte de la location, le coût trop élevé etc). Les propriétaires qui le sont restés sont venus dans la vallée pour des raisons de santé, parce que l'endroit leur plaisait, pour la tranquillité et pour être proches de leurs lieux de travail. Il faut noter l'importance des raisons d'agrément dans la migration vers Chalco, elle est relevée par toutes les enquêtes de terrain. Enfin, cette installation est vue comme définitive, et non transitoire : 77% des familles ne pensent pas bouger à nouveau.

A l'analyse des données sont rapidement apparues des distinctions entre colonias, différences suffisamment fortes pour établir des subdivisions de la zone d'étude regroupant de 2 à 3 colonias. C'est en premier lieu l'âge de ces "quartiers" qui est déterminant. Les plus anciens sont ceux où les familles sont plus âgées, plus nombreuses, plus "riches"... Ce sont aussi ceux qui sont les plus susceptibles de présenter une structure foncière plus diversifiée. Cependant, l'ancienneté des zones ne s'accompagne pas forcément d'une plus grande accumulation comme le montre le cas de la zone des colonias de Xico Nuevo et Viejo, plutôt "pauvres" et où l'on note l'absence de qualifications professionnelles. La consolidation est donc sélective, et l'hypothèse qu'il se présenterait une ébauche de ségrégation (différenciation socio-économique) future n'est pas à exclure.

Les lieux de provenance déterminent également la différenciation en quartiers, qu'ils soient de naissance ou de résidence antérieure. Les colonias situées le long de l'autoroute Mexico-Puebla présentent de très forts pourcentages d'ex-résidents de Nezahualcoyotl, alors que celles jouxtant la route de Chalco à Iztapalapa ont les pourcentages d'ex-résidents d'Iztapalapa les plus élevés. En ce qui concerne l'origine par État des chefs de famille suivant les zones, elle vient confirmer l'existence et le bon fonctionnement des réseaux familiaux, amicaux et de compérage qui se maintiennent malgré l'émigration. Se dessinent en effet des "concentrations" d'Hidalgenses par exemple dans la Santiago, de Michoacanais dans les Jardines de Chalco ou de Oaxaqueños dans la Providencia et la Guadalupana, qui témoignent bien de l'efficacité du bouche à oreille et des solidarités villageoises (accueil de travailleurs, etc.).

Les résultats de l'enquête éclairent certains fonctionnements de la métropole, en mettant en évidence des zones de transit et d'établissement des "pauvres". Fait important, ceux-ci, immigrants de plus ou moins longue date, transitent non seulement par l'habitat en location du centre-ville (dans les *vecindades*, etc.), mais aussi, et de plus en plus souvent, par les délégations périphériques du District Fédéral (Iztapalapa) et les municipalités conurbées de l'État de Mexico (dont surtout, dans le cas des résidents de Chalco, la ville de Nezahualcoyotl), dès que celles-ci se constituent un parc locatif bon marché en atteignant un certain degré de consolidation.

La "bienveillance" des autorités vis-à-vis de la croissance périphérique a été signalée. Il convient maintenant de noter, au terme de cette analyse à grands traits, que la population étudiée, et sans doute aussi celles des autres quartiers naissants, reste immergée dans la résolution des problèmes immédiats (paiement des coûts encourus, les terrains devant être très souvent achetés deux fois, la première "irrégulière", la seconde auprès des autorités, dans ce cas précis, le ministère de l'agriculture ; régularisation de leur statut ; négociation avec l'État de l'introduction des services), en repli sur le foyer et engagée dans l'amélioration matérielle des maisons, est ancrée dans une relation clientéliste avec l'État et le parti qui à l'époque était hégémonique, le PRI.

PRI : Parti Révolutionnaire Institutionnel, parti-état du Mexique (d'autres partis existent mais le pouvoir politique et administratif est quasi-monopolisé par le PRI, ces vingt dernières années, les choses se sont nuancées).

Le pragmatisme fondant cette relation clientéliste (10% affirment avoir été directement aidés par le PRI dans l'achat de leur terrain ou la construction de leur maison) vient souligner l'importance du rôle joué par cette forme d'urbanisation dans la pacification des rapports sociaux, dont le repli sur le foyer est toujours une sûre mesure. Il resterait bien sûr à analyser le rôle de la résolution des demandes en équipement au coup par coup dans ces processus de pacification.

La santé

Une enquête a porté sur un échantillon de 4720 personnes réparties en 935 familles sur les questions de santé. Le fait dominant est la faible proportion de vieillards et la forte proportion d'enfants de moins de 15 ans. La moitié des femmes se trouve en période fécondité (15-49 ans). La faiblesse du nombre des grandes familles s'explique par la jeunesse de la population et son immigration récente. La perception de l'état de santé par la population est tiré par les extrêmes de ceux qui le pensent excellent et ceux qui le pensent déplorable. En cela, il est différent des autres données disponibles pour le Mexique. De toute façon, l'opinion générale est plus défavorable que la moyenne des habitants de Mexico (les deux tiers jugent cet état de santé au moins "bon", soit entre 4 et 10 points de moins que pour les autres données disponibles au Mexique).

Un regroupement des affections a été réalisé en quatre grandes classes : diarrhées, affections respiratoires, parasitoses, affections de la peau.

Les données de l'enquête montrent que la situation sanitaire de Valle de Chalco est relativement basse comparée au reste du pays et surtout de Mexico. Ainsi, en ce qui concerne les diarrhées, elles sont 2,5 fois plus fréquentes qu'au Mexique et 4,1 fois plus qu'à Mexico. Les maladies chroniques (diabètes, hypertension, cardio-pathies...) ont un taux de prévalence de 5.2 pour mille (l'échelle nationale se situe à 7.5). La population de la zone d'étude étant plus jeune, cela peut se comprendre. Un biais de déclaration peut être également à l'origine des différences relevées dans les différentes enquêtes effectuées au Mexique : la pauvreté n'est guère propice à la recherche de maladies autres. Valle de Chalco a donc des taux de morbidité aigüe des plus hauts et, en ce qui concerne la morbidité chronique, des taux les plus bas. Ceci parait être une "signature" de la situation sanitaire de Chalco car les données recueillies lors de l'enquête du projet sont cohérentes avec ce que les autres enquêtes de santé effectuées dans le pays présentent.

On note le haut taux d'auto-médicalisation : 37%. L'appel aux *curanderos* (soignants de tradition populaire) est fréquent mais n'a pu être mesuré. Ces différences avec les autres enquêtes empêchent de conclure véritablement. Ce qui est par contre certain c'est la marginalisation de cette population en ce qui concerne les différents systèmes de santé du pays. Dans la quinzaine précédant l'enquête, les maladies n'ont été traitées par des services spécialisés que pour 40% alors que 40% se sont débrouillés seuls ou en famille. Cette carence en services de santé se reflète dans les couvertures vaccinales, très faibles dans la population, adulte ou enfantine, de Valle de Chalco.

Les accidents sont une des grandes causes des difficultés de santé dans la zone. On lit dans les statistiques l'appartenance de Valle de Chalco à l'État de Mexico, en effet Chalco a la même proportion d'accidents dûs à des armes (près de 20%) mais par contre, n'étant pas industrialisé, on y relève peu d'accidents du travail. Les accidents de la circulation représentent la grande majorité des accidents. Ce qui étonne, vu la précarité de l'habitat, c'est le peu d'accidents domestiques relevés lors de l'enquête. En effet, les conditions de vie dûes à la précarité générale de l'habitat aurait fait penser que ce type d'accidents aurait dû être plus fréquent.

Il a été souligné que l'étude de la pollution aérienne n'avait pu être réalisée dans le cadre du projet Chalco. Les affections pulmonaires signalées dans les travaux d'épidémiologie montrent le poids des affections pulmonaires dans la morbidité de la zone. Pour mieux faire sentir au lecteur non spécialisé l'importance de la pollution aérienne, qui se manifeste ensuite en affections de tout ordre (l'air contaminant l'eau et l'alimentation par exemple), nous signalons l'observation suivante qui concerne les anti-streptolysines (streptolysine O, qui est la toxine principale des streptocoques du groupe A). Les normes européennes pour cet ensemble de strepcocoques sont de 100 unités, c'est-à-dire que dans les analyses le taux d'alerte est de 100 ; le taux de laboratoire au Mexique est de 166 unités et les médecins traitants jugent les taux de moins de 500 comme banaux. Des compléments d'analyse ne sont demandés qu'au delà de ce comptage. Dans les quartiers riches des Lomas du nord de la cuvette de Mexico, les plus sains, abrités de la pollution aérienne directe, un taux de 300 à 400 est jugé parfaitement convenable... et sain (Dr G. Guasch S., comm. personnelle). En l'absence de toute affection antérieure (après une angine, même quelques 3 semaines après, le taux peut être de 200 à 2000, mais il est alors une trace) et, dans le cas précis, le taux d'alerte, en l'absence de maladie antérieure est admis à 500. Ce fait est dû à la permanence de la contamination aérienne qui marque dans l'organisme une trace d'un contact permanent avec des streptocoques du groupe A.

Sur le plan santé, la situation de Valle de Chalco est donc une des plus défavorisées de la vallée de Mexico. Ses habitants souffrent tout autant de la position géographique défavorable (vents dirigeant vers eux les nappes aériennes contaminées du nord par la ville et ses usines), barrière des montagnes avec ses deux volcans de légende l'Iztaccihuatl et le Popocatepetl, que des conséquences d'un laisser-faire en ce qui concerne la nappe phréatique, que de leur pauvreté relative. En effet, les travailleurs de la zone, qui font de deux à quatre heures de transports sont encore plus atteints par la pollution aérienne de par ces longs temps de trafic routier qu'ils sont obligés d'effectuer.

Chapitre 8

L'habitat

Les espaces privés

L'étude des espaces privés a été envisagée comme l'analyse de la résultante des contraintes techniques et économiques et des conceptions spatio-culturelles des acteurs-réalisateurs. Telle fut l'hypothèse centrale de cette investigation de terrain.

Le tissu urbain naissant de Valle est composé, pour sa plus grande partie, d'habitats précaires. Il s'agit généralement, lorsque ne sont pas employés des matériaux de récupération : bois, métal, plastique, etc. – de quatre murs de parpaings parfois seulement superposés sans mortier – formant une pièce unique. Bâtis directement sur la terre, ils sont surmontés d'un toit d'une seule pente. Ce toit est composé, dans le meilleur des cas, par une couverture d'asbeste – plaque d'amiante et de ciment –, et le plus souvent par une couverture de carton ondulé goudronné fixée à une charpente, faite de bois de récupération, par des pierres simplement posées, ou par des clous. Dans ce cas, des capsules de bouteilles sont utilisées pour protéger le trou de son agrandissement et de l'infiltration de l'eau.

LLueve de noche
los techos se deshacen
Los pobres velan. Luis Cortés Bargallo

Une couverture de carton ondulé devrait être changée chaque année : ceci n'est pas vraiment fait et les toits mouillés par la pluie ne sont plus étanches. Bien souvent ce type de maisons ne comprend pour ouverture qu'une porte, qui reste constamment ouverte lorsque ses habitants sont là – elle peut être dans ce cas seulement voilée par un rideau. On le rencontre sur des terrains laissés tels quels ou, parfois, utilisé pour des cultures de consommation familiale ; il est en général assorti de latrines extérieures, composées d'un trou dans le terrain, parfois bordé de planches, entouré de trois plaques de carton ondulé et goudronné, dans le meilleur des cas, un rideau et d'un toit en carton. Mais l'évacuation des latrines va directement dans les couches superficielles du sol.

A l'opposé de ces habitats, en principe provisoires, se trouvent quelques cas de maisons de deux étages, au toit en dalle de ciment et aux nombreuses fenêtres. Ces maisons présentent des finitions soignées et peuvent se voir entourées d'un jardin d'agrément. Elles sont alors composées d'un grand nombre de pièces différenciées, par leurs fonctions, incluant des espaces de transition : entrée, couloir, escalier intérieur... Entre ces deux extrêmes, toutes les combinaisons existent, la plus courante étant un ensemble de constructions, plus ou moins en chantier, susceptibles de s'adapter au fur et à mesure des besoins et de l'avancement des travaux. Les murs de la future maison délimitent le terrain, ou les murs et le toit de la pièce rajoutée, non encore pourvue de porte et de fenêtre, hébergent alors la truie et sa portée ou, encore, le sol cimenté marque les extentions à venir. La moitié des constructions a été conçue exclusivement par le chef de famille. Un quart a été conçu par la maîtresse de maison, la moitié des cas de ce sous-échantillon ayant été conçue en association avec le conjoint. Ce fort décalage témoigne du peu d'importance accordé à l'usager, la femme en l'occurence.

La très grande variété des durées de construction témoigne du caractère "progressif" de l'investissement et de la présence de toutes les combinaisons de participation aux chantiers d'autoconstruction. Une autre explication réside dans la valeur sociale des liens familiaux. Ces liens, éléments de réseaux de solidarité essentielle, jouent probablement un rôle primordial dans l'intégration sociale au niveau de la nouvelle société de Valle, comme le montrent les travaux exposés précédemment.

Les systèmes de **limites territoriales** se révèlent complets dans près de la moitié des cas. Mais ces limites, pour être matérialisées, n'en restent pas moins hétérogènes. On y rencontre la cohabitation, au niveau de chaque unité, de limites faibles et fortes. La classification des systèmes de limites observés a permis d'entrevoir une répartition géographique dans la vallée, qui corrobore les observations des autres enquêtes sur l'ancienneté des *colonias* et leur peuplement différentiel.

Trois niveaux de zones ont été définis en prenant en compte la combinaison des degrés de qualité et d'intégralité des systèmes. La première de ces zones, celle qui réunit les systèmes de limites les plus complets et les plus forts, correspond à la partie de Valle la plus proche de l'autoroute de Puebla, c'est-à-dire à la plus ancienne urbanisation après réhabilitation des terrains ; la seconde zone, intégrant des structures de limites territoriales moyennes ou/et incomplètes, se situent en marge de la première ; enfin, la troisième zone, présentant des limites territoriales faibles, se situe dans les colonies antérieures à la transformation du lit de l'ancien lac en zone urbanistique (San Miguel Xico, San Martín Xico et Cerro del Marqués), semble indiquer que la notion de limite, dans le cadre de Valle, est liée à une logique citadine : la population de ce sous-échantillon – pour la plupart autochtone – est intégrée de père en fils à un ejido et ne semble pas éprouver le besoin de matérialiser ses limites.

Le fait que la zone déterminée par la présence de systèmes de limites fortes et complètes corresponde à l'urbanisation la plus ancienne et la plus dense, indique que la tendance générale est à border chaque parcelle de ce type de limite. Les contraintes économiques et la densité d'occupation de l'espace seraient alors les variables les plus déterminantes de la matérialisation de limites. Par contre, il n'a pas été constaté de construction de limites dans un but de protection météorologique – contre le vent et le froid. En effet, bien que la météorologie de la vallée soit ressentie par la population comme étant directement liée aux volcans Ixtaccihuatl et Popocatepetl, considérés comme sources de refroidissement de l'air, aucune installation – limites, ouvertures ou orientation générale de la maison – ne montre la prise en compte d'une telle contrainte climatique. La protection, lorsqu'elle est recherchée, est toujours régie en fonction du contexte social, en particulier du réseau de communication, et non par rapport à l'environnement naturel. Bien que la raison principale de réalisation de limites exprimée par la population soit la protection face aux voleurs, les limites sont plus fréquentes entre voisins qu'entre l'espace privé et l'espace public. Il est vrai que les clôtures entre voisins sont d'un très bas prix relatif. Le très grand nombre de cas de parcelles ne présentant pas de limite construite sur rue, malgré la présence de celles bordant les propriétés voisines témoigne d'un très fort désir de séparation territoriale.

La structure de cheminement desservant chaque espace construit a constitué un autre thème d'analyse. Une reconnaissance des différentes structures a permis de déterminer une typologie des communications puis de les associer à des modèles socio-culturels : cinq catégories ont été définies. Les éléments de la première catégorie se caractérisent par une structure de communication à élément unique. La deuxième catégorie réunit les parcelles caractérisées par la présence de structures de communication multiple externes. Ainsi elle admet des organisations spatiales apparentées à un type rural complexe : elles présentent des éparpillements de constructions à pièce unique, contigües ou non, d'accès indépendants les unes des autres, ce qui entraîne des liaisons uniquement extérieures. Une troisième catégorie se caractérise par des structures de communication interne présentant des successions d'accès. Ces structures sont de type semi-modernes puisqu'elles correspondent à des habitations présentant dans en même temps et des divisions internes et un seul accès extérieur/intérieur. Une quatrième catégorie regroupant les structures de communication exclusivement internes présente des caractéristiques totalement modernes puisque les passages ne se font plus par une succession d'accès mais par rayonnement ou ramification. La dernière et cinquième catégorie correspondant aux structures de communication mixte : interne/externe.

L'analyse de l'habitat indique que la structure sociale semble être fondée sur une structure traditionnelle sous-jacente. En effet, l'indépendance recherchée par les habitants vis-à-vis des voisins, mise en évidence par les systèmes de limites, et la forte solidarité familiale, mise en évidence par les informations sur la participation à la construction des habitats, démontrent l'importance du rôle des liens interfamiliaux, au sens large. Cette caractéristique "conservatrice" est corroborée par les rôles traditionnels du père et de la mère dans le cadre de la conception et de l'élaboration de l'habitation. La modernité est tout particulièrement repérable au niveau de l'architecture puisque celle-ci a été le cadre privilégié de l'application du "modernisme" – étant donné la subordination de l'espace à la technique, elle-même dépendante, aujourd'hui, de la production industrielle. A travers une schématisation de la définition de la modernité en matière d'architecture en utilisant, ou même abusant, d'une opposition dualiste occidentalité-urbanité et tradition-ruralité, nous en arrivons, dans l'étude des espaces privatifs à des conclusions identiques des autres enquêtes : Valle de Chalco, société en devenir.

Mais, parallèlement, alors que la majorité de la population originaire de milieux ruraux témoigne de l'assimilation, consciente ou non, de normes urbaines, une partie des habitants de Valle de Chalco d'origine citadine (ou ayant un passé fortement citadin) recherche volontairement la matérialisation d'une nouvelle image rurale qui lui est propre. Cette recherche volontaire résulte du rejet de caractéristiques architecturales purement citadines (exploitation urbanistique des espaces non construits, superposition des logements...) en faveur d'une image, qui n'est qu'une interprétation de maison rurale, à laquelle la maison construite à Valle de Chalco peut ressembler par le style, mais de laquelle elle est foncièrement différente par l'usage. Il s'agit d'un modèle que nous pouvons appeller "maison de campagne". De la ruralité à une image de la ville, puis de l'urbanité à une image de la campagne, entre tradition et modernité, l'évolution sociale tend, différemment selon les individus, à réinterpréter l'environnement personnel à travers la structure des espaces privés de façon à offrir des points de repère à des ruraux en voie d'urbanisation.

La concrétisation des efforts fournis par la population pour obtenir un bien immobilier se manifeste par l'urbanisation de Valle de Chalco dont on a ainsi analysé, dans les réalisations habitationnelles la confrontation des contraintes matérielles et des ambitions des habitants.

Un projet d'urbanisme

Le projet Chalco avait pour ambition non seulement de recueillir des données et de proposer des conclusions scientifiques mais aussi d'aboutir sur un plan concret en effectuant des propositions d'actions. Pour ce faire on est parti d'une idée d'ensemble, une idée visuelle, qui dressait à grands traits quelques améliorations possibles, dans le cadre des grands projets tracés par les plans directeurs des organismes d'état. Transformer Valle de Chalco en "ville normale". Les propositions ont été élaborées avec des associations de la vallée c'est donc sur une plus large assise sociale que se sont établies les propositions, utilisant les relais établis pour élaborer des procédures d'acceptation et de corrections des propositions faites, tant lors de leur élaboration, de leur maturation que de leur finalisation.

Prenant donc en compte le cadre des projets gouvernementaux d'amélioration des conditions de vie de la zone, de la progression des acquis du plan gouvernemental Solidaridad, et suite à l'analyse des données et des conclusions du projet Chalco, deux sortes de propositions d'urbanisme ont été conçues :

— la première consiste en l'affermissement du rôle de ville-tampon et pas seulement de ville-dortoir de Valle de Chalco, qui pourrait être un relais dans le tissu urbain des vallées de Mexico et de Puebla ;

— la seconde est l'établissement de micro-propositions, qui s'inscriraient dans le cadre général des actions entreprises à Valle de Chalco, et qui répondraient à plusieurs des contraintes révélées par le travail multidisciplinaire antérieur :

- combattre, autant que faire se peut, la dégradation de l'environnement. Principalement, améliorer les conditions de vie dépendant des pluies, inondations et écoulements d'eau ;
- créer et favoriser les relations entre populations d'origines géographiques diverses et accélérer le processus faisant de Valle de Chalco une ville véritable ;
- favoriser l'investissement humain et la mobilisation des populations en les impliquant dans une action dont elles seraient les premiers bénéficiaires, c'est-à-dire d'une certaine manière, favoriser le centrement de Valle de Chalco sur soi-même.

Les facteurs pris en compte pour la construction des modules furent :

— l'insuffisance criante d'équipements urbains ;

— l'absence d'éléments végétaux (ne parlons pas d'espaces verts !...) ;

— le nombre des terrains inondés, temporairement ou tout au long de l'année ; la contamination de la nappe phréatique, son épuisement ; l'impossibilité de continuer à y puiser une eau de moins en moins potable que l'on rejette ensuite hors de la vallée de Mexico ; les problèmes de santé liés à l'approvisionnement en eau ;

— manque de légumes frais dans l'alimentation, recherche par les habitants de conserver quelque élevage...

— contractions des terrains par assèchement et fragilité des sols dans une zone sismique ;

— les questions de santé, de travail (lieu de travail toujours très éloigné), de sécurité, de sous-emploi (existence d'un stock d'heures de travail disponibles sur place pour des actions collectives) ; la volonté explicite de certains groupes de la population à investir en temps dans l'amélioration de ses conditions de vie.

Tenant compte de la société de Valle de Chalco telle qu'elle est, de ses besoins exprimés ou latents, une série de modules divers a donc été établie, chacun d'eux adaptable aux différentes possibilités d'espaces et exécutables par la population, dans le cadre de l'organisation de micro-barrios, c'est-à-dire de groupes de voisinage, permettant l'interaction d'un maximum de 34 familles qui prendraient à leur charge un module pour son entretien, son administration et son exploitation.

Un maillage a été précisé. Le calcul de ce maillage n'a pas uniquement porté dans les orientations horizontale et verticale, mais également dans les orientations diagonales des plans. Nous avons donc l'ajustement de deux réseaux différents en orientations permettant la dispersion rationnelle des modules dans la *colonia*.

Les modules sont fort divers, par exemple, pour permettre à une population de culture rurale de ne pas se couper brutalement de ses racines tout en favorisant le reboisement partiel de la zone et en agrémenter la vue, un module jardin a été conçu ; mais par ailleurs il en est attendu une amélioration de l'approvisionnement en fruits. Il semble également que la création d'un modèle de conduite civique et de gestion de l'espace extérieur à la maison, et sa diffusion dans la conception des jardins privatifs, pourraient être attendus de ce module. L'entretien collectif de ces espaces verts serait un des points d'ancrage d'une nouvelle sociabilité des habitants de la zone. En attendant que des essais permettent des conclusions plus fermes, le figuier parait un arbre qui s'adapte bien aux conditions du sol et du milieu ambiant du Valle de Chalco. Il peut donc servir pour nos premiers essais. On pourra penser aux eucalyptus pour assécher le sol et favoriser l'évaporation des eaux superficielles, mais ceci demandera que des études spécifiques permettent d'affiner les propositions.

D'autres modules furent élaborés : Module agricole ; Module de convivialité dont l'objectif est de créer des espaces de vie civique et sociale permettant la naissance d'une véritable communauté urbaine. L'importance des fêtes familiales et de voisinage au Mexique entraînant une obligation pour l'urbaniste de permettre le développement de cette vie qui se manifeste par quelques fêtes dont le caractère privé (anniversaires par exemple) n'empêche en rien qu'ils se déroulent en des lieux publics, qui n'existent pas à Valle de Chalco. (Le nombre de personnes impliqué dans ces manifestations dépasse largement le cadre familial, – importance culturelle du voisinage et du *compadrazgo* au Mexique.)

Un Module coopératif fut aussi conçu à la suite des demandes pressantes de la population : faire baisser les prix des produits de première necessité. Ces coopératives de consommation bénéficieraient à l'ensemble de la population de la colonia puisqu'il s'agit d'intégrer différents services d'approvisionnement, actuellement déficients ou d'un coût excessif. Ce module comprendrait une unité de travail communautaire, un magasin de type épicerie et un atelier de *tabicones* (briques de ciment). Les habitants de la *colonia*, tout en participant à l'amortissement du capital d'outils mis à sa disposition, trouveraient dans ce module le matériel de base à l'autofabrication des éléments de l'habitat. Cet atelier ne ferait que rationnaliser une pratique actuelle d'auto-investissement en argent et travail. En ce qui concerne la coopérative d'achat, l'objectif central est de permettre que le petit commerce joue effectivement son rôle de diversification en permettant l'approvisionnement de la population en produits de base à un coût moindre en rationnalisant, en prix, qualités et quantités, les approvisionnements essentiels. Car un des problèmes sanitaires de Valle de Chalco est la malnutrition amenée par les bas revenus des familles. On note un abus d'aliments coupe-faim, coûteux, dits de *chatarra*, et des *refrescos*, boissons, tous riches en sucre à l'excès, qui amènent fréquemment une dégradation de l'état sanitaire des enfants et l'obésité des mal-nourris.

A côté d'eux furent élaborés d'autres modules : Sports, Jeux, mais plus stratégique en ce qui concernait le cœur de notre problématique était le Module de Traitement des eaux : approvisionnement, recyclage et évacuation sont les trois concepts autour desquels nous avons organisé les propositions:en se fondant sur les conclusions des recherches scientifiques.

Le projet des modules, assortis de leurs coûts, a été présenté aux différents acteurs sociaux qui pouvaient le prendre en charge, à savoir : la population, la Fondation France-Libertés, la Fundación de Ayuda a la Comunidad, la Municipalité de Chalco, les autorités de l'État de Mexico... L'intérêt soulevé a été patent mais il restait naturellement trop de difficultés, tant financières que de conception à régler pour aboutir. En particulier, des modules pouvaient entraîner une gêne pour les habitants voisins ? Par exemple le module d'élevage, par ses odeurs, les modules sportifs pour le bruit...) La maintenance exigeait le montage d'une politique ; en particulier, l'appui technique de professionnels pour certains d'entre eux (jardins, coopératives d'achat...), et leur financement.

Nous reconnaissons le côté utopique de ce projet, mais plus parce que l'idée était trop belle que parce qu'on ne pourrait le mettre en œuvre. Il n'en restait pas moins qu'il parut intéressant de montrer, à travers cet exemple, la capacité de partenaires scientifiques à élaborer des conclusions concrètes et applicables dans le cadre d'une recherche pluridisciplinaire. Le déroulement d'une recherche d'un tel type impliquant la population et réclamant ses réactions afin d'ajuster les conclusions, parait être également un des intérêts du projet. Les propositions finales présentées ont été construites non seulement en relation avec les conclusions scientifiques du projet mais aussi avec la réponse, le feed-back, des sujets des recherches scientifiques : les hommes et leurs sociétés.

Conclusion de 1991

Valle de Chalco est une ville nouvelle existant depuis une dizaine d'année, une ville-champignon comme on dit, une ville-dortoir des populations ouvrières et défavorisées de la mégapole de Mexico. Pourtant, malgré certains aspects négatifs, il ressort que la population, pour pauvre qu'elle soit, n'est pas dans une situation de "pauvreté absolue" mais au contraire dans une direction de mieux-être. A quel prix ? elle accepte tout : conditions de transport éprouvantes, longues, pénibles, dangereuses -des croix au bord des routes témpoignent de la fréquence des accidents-, des travaux à des prix aussi bas qu'il leur est possible d'accepter -car la solidarité familiale va rendre productif tout argent petitement gagné-, des conditions de vie qui paraîtraient ne pas mériter ce nom parfois... tout cela pourquoi, pour quoi ? La réponse est évidente : l'espoir de "s'en sortir", l'espoir d'une vie meilleure pour la famille et les enfants, pour l'avenir. Il est difficilement imaginable de comprendre, dans les société européennes où l'égoïsme individuel s'appuie sur une longue tradition de protection sociale, la foi et le dévouement des pères et mères de familles mexicains pour fonder une vie meilleure pour leurs enfants, ni la solidarité qui imprègne tous les actes de la vie sociale. On peut considérer Chalco du point de vue de deux *scenarii*, le premier affirme que Valle de Chalco, au fond, n'est qu'un des nombreux avatars de la progression des sociétés vers une vie meilleure. Dans cette hypothèse, la population actuelle n'a pas des conditions pires que celle de nos pères, pour ceux dont la mémoire généalogique n'est pas dorée. Après tout, le lot commun, démographiquement parlant est la montée, par capillarité sociale, ou la poussée, lente ou brutale, des couches pauvres de la population vers les sommets de la hiérarchie. De nombreux facteurs démographiques et sociaux renforcent cette hypothèse dont il existe de nombreuses preuves historiques. Dans ce cas de figure, on est fondé de considérer que Chalco des années 1990 est le Nezahuatlcoyotl des années 60-70 : une étape vers un mieux-être, une consolidation de la société urbaine.

Une seconde hypothèse tempère l'optimisme de la première. Elle se fonde non pas sur le passé et ses leçons, mais sur l'avenir et les craintes qu'il peut inspirer. Valle de Chalco n'est-il pas l'archétype de ce que les sociétés humaines sont en train de détruire : la nature ? La nappe phréatique qui s'épuise, le sol qui s'effondre, ces montagnes de rêve qui s'effacent dans la cape des fumées d'usine, cet air sur-pollué, cette ville qui finit par être à soi seule un pays, n'est-ce pas l'image des fourmilières humaines de demain ? Dans cet autre cas de figure, Chalco est une des cités d'un futur dramatique où le poids des conditions écologiques de vie annihilerait tous les efforts de nos sociétés.

Dans les deux cas, Valle de Chalco reste ce qu'il est aujourd'hui : un creuset où se fondent des populations différentes et où s'élabore une nouvelle culture sociale urbaine. Il dépend de nous, habitants ou non, que cette culture en soit une et non pas un pas de plus vers une perte d'humanité.

Le temps n'est plus de dire tout simplement non ! Non à la dégradation de la nature, à la mort des forêts, à la contamination de l'air, à la pollution de la nappe phréatique. Il faut savoir que cette politique, qui fut celle de la première écologie, que Gonzalo Halffter en 1991 caractérisait pour être celle du NO. Le monde va trop vite, et il faudra trouver une autre réponse.

Non pas se soumettre aux conditions actuelles mais les modifier vers un autre équilibre. A moins que nous n'en arrivions à la prédiction de Félix Guattari qui dans son ouvrage de 1989 prédit que nous devrons boire l'eau que nous aurons produite, l'air que nous aurons apuré etc., dans un univers entièrement artificiel.

La politique, a-t-on souvent dit, est de prévoir l'avenir, le travail des scientifiques ne serait-il pas de proposer des évaluations des futurs possibles, de leurs alternatives, ainsi que des moyens disponibles pour en éviter certains et en favoriser d'autres ? C'est une des questions que l'on peut se poser à l'issue de ce projet interdisciplinaire tourné vers l'action, la société civile et le mode de gouvernance.

Conclusion générale

Souci environnemental et dynamique d'une société en transition, tel est le sujet de ce petit ouvrage qui pose par ailleurs la question centrale du fait politique : une société c'est autant les gens que l'espace, les pesanteurs du passé que les espérances du futur, la population et l'action politique. Et en filigrane de ces textes, ceux de 1990 et ceux de 2010, cette ambition qui appartient à tous les acteurs : celle d'influencer le cours des choses. Particulièrement, les auteurs savent qu'ils appartiennent à ces nombreuses personnes, universitaires ou de la société civile, scientifiques ou formés par la pratique sociale, simples artisans de leur seule vie – à ce qu'ils conçoivent modestement – ou politiques, qui tous, sans espérer forcément agir eux-mêmes sur le réel, espèrent par leurs travaux, leurs idées, leurs actions et leurs espérances apporter à la société les moyens de se construire sans pour autant tuer la Terre.

Bibliographie et filmographie

La bibliographie portant sur la ville El Valle de Chalco est abondant, en dehors de l'ouvrage *Polvo y lodo, Chalco* qui lui servit de rapport final, le projet 1990-1993, produisit une abondante documentation et des ouvrages académiques. Nous donnons ici quelques références récentes :

Comboni S. Sonia, "Familia y construcción social en un espacio emergente : el caso del valle del Chalco", *in* Hiernaux y Lindon, *La construcción social de un territorio emergente: El Valle de Chalco*, México, Colegio Mexiquense, 2000 : 207-245

Comboni Salinas, Sonia, "Familia, cotidianeidad y espacio sociales", en *Relaciones* 1998, N° 17-18, México, Departamento de Relaciones Sociales, UAM-X

Consejo Nacional de Población, *México Demográfico*, Breviario 1988, México, CONAPO

Gobierno del Estado de México, Valle de Chalco Solidaridad, *Plan de desarrollo municipal del Valle de Chalco Solidaridad* 1997-2000.

Juárez J.M. y Comboni, S. "La expansión urbana en la periferia de la Ciudad de México, prácticas sociales de los habitantes del Valle de Chalco" en *Relaciones*, 1993, N° 7-8, México, DRS/UAM-X.

Juárez Núñez, J. M., "Territorio e identidad social en el Valle de Chalco", *in* Hiernaux y Lindon, *La construcción social de un territorio emergente: El Valle de Chalco*, México, Colegio Mexiquense, 2000 : 245-273

Noyola Jaime, *Valle de Chalco Solidaridad*, una monografia municipale, Estado de México, Instituto de la Cultura de México, México, 1999

Film documentaire :

Perrin Éric réalisateur, Autain Kristian, cinéaste et De La Fuente Richard, preneur de son, 1991, *À bout de souffle* film pour Antenne 2, Paris, Mai 1991 avec la collaboration scientifique sur le terrain de José Manuel Juárez Núñez et Bernard Lacombe Fouéré

Table des matières

Environnement, écologie et Développement aux éditions L'Harmattan

Dernières parutions

GUIDE DE L'ACCOMPAGNEMENT DES PORTEURS DE PROJETS D'AUTO-EMPLOI
Rosanvallon André
En Afrique, la crise de l'emploi constitue un défi majeur pour les politiques de développement. Il faut créer massivement des emplois dans le secteur moderne (privé, public ou semi-public) et dans le secteur informel (à condition qu'il s'agisse d'emplois décents). Ces opportunités sont limitées. Il reste alors la création d'emploi par l'auto-emploi au sein d'activités génératrices de revenus. Il convient aujourd'hui de renforcer les dispositifs, d'accompagner les porteurs de projets et de renforcer les compétences de leurs agents.
(Coll. La Librairie des Humanités, 18.00 euros, 174 p.)
ISBN : 978-2-343-00319-1, ISBN EBOOK : 978-2-296-53114-7

TERRES RARES : ENJEU GÉOPOLITIQUE DU XXIe SIÈCLE
Chine, Etats-Unis, Europe, Japon, Groenland
Degeorges Damien - Préface de Per Stig Moller, ancien ministre danois des Affaires étrangères (2001-2010) ; postface de Palle Christiansen, ministre groenlandais de l'Éducation, de la Recherche et de la Coopération nordique
Groupe de métaux aux caractéristiques indispensables pour de nombreuses applications civiles et militaires, les terres rares se retrouvent dans les technologies vertes ainsi que dans les technologies au coeur de notre société (téléphones portables, écrans plats). Elles revêtent une dimension géopolitique majeure depuis que la Chine, qui contrôle 97% de la production mondiale, a réduit ses exportations. États-Unis, Europe et économies de l'Asie-Pacifique se tournent désormais vers un des principaux eldorados en la matière : le Groenland.
(Coll. Un autre regard / Paris School of Business, 10.50 euros, 78 p.)
ISBN : 978-2-336-00222-4, ISBN EBOOK : 978-2-296-50837-8

DES EXTRÊMES DANS LE MONDE, DE DHAKA À DOHA
Le Quément Joël
Cet essai interpelle sur des réalités économiques et sociales fortement inégales dans le monde, en particulier en Asie et dans le golfe Persique. Le XXIe siècle se caractérise par une forte croissance de la population dans certaines régions du monde et par des flux migratoires puissants. Que dire des tensions nées de ces déséquilibres ? Comment répondre à l'explosion des besoins en alimentation, énergies, infrastructures ? Y a-t-il des formes nouvelles de partage des richesses possibles ?
(14.00 euros, 126 p.)
ISBN : 978-2-336-00313-9, ISBN EBOOK : 978-2-296-50933-7

DIMENSION (LA) SACRIFICIELLE DE LA GUERRE
Essai sur la martyrologie politique
Mashimango Abou-Bar Abelard - Préface de Pascal Hintermeyer
Voici une analyse polémologique fondée sur une approche multidisciplinaire et une culture de la sociologie politique dont les suggestions - comme la ritualisation de la guerre, la martyrologie, les mythes, la question de l'honneur et du prestige, et la dimension sacrificielle des stratégies - conduisent, à la fois, à l'examen exploratoire de la dynamique guerrière et à une réflexion approfondie des conflits armés contemporains.
(Coll. Questions contemporaines, 22.50 euros, 226 p.)
ISBN : 978-2-336-00363-4, ISBN EBOOK : 978-2-296-50824-8

DIMENSIONS OF WAR
Understanding War as a Complex Adaptive System
Solvit Samuel
With today mutable identities and various kinds of warfare, how do we further our understanding of war? Reviewing influential war theories from Machiavelli to the present, this book analyses how they reduce war in terms of time, space, interaction, purpose, aim, and/or evolution. Considering war as a complex adaptive system allows us to increase our overall comprehension of contemporary wars.
(Coll. Diplomacy and Strategy, 15.50 euros, 152 p.)
ISBN : 978-2-296-99721-9, ISBN EBOOK : 978-2-296-50839-2

UN MONDE DE FEU
Réchauffement environnemental et surchauffe sociale
Berger Corinne, Roques Jean-Luc
Les phénomènes de surchauffe environnementaux et sociaux observés de nos jours semblent difficilement maîtrisables. Le monde est plus que jamais en feu. N'existe-t-il pas un certain parallélisme entre réchauffement environnemental et embrasement social ? Pour se protéger, on assiste à un retour au foyer que l'on retrouve dans des dynamiques de ségrégations territoriales. Ces comportements n'attisent-ils pas le feu ? Existe-t-il des solutions ?
(Coll. Sociologies et Environnement, 20.00 euros, 202 p.)
ISBN : 978-2-336-00453-2, ISBN EBOOK : 978-2-296-50940-5

SOLIDARITÉS (LES) À L'ÉPREUVE DES CRISES
Sous la direction de Béatrice Muller, Jean-Claude Barbier, Maryse Bresson
Notre système de protection sociale n'a pas échappé aux réformes engagées en Europe dans le contexte de crise. Il est perçu à la fois comme un rempart à la crise et comme un obstacle à une reprise économique. Les auteurs tentent donc de comprendre comment ces différentes idées pénètrent les réalités des solidarités publiques et privées.
(Coll. Institut de la Ville et du Développement, 25.00 euros, 246 p.)
ISBN : 978-2-336-00322-1, ISBN EBOOK : 978-2-296-50987-0

ÉVALUATION (L') DES POLITIQUES PUBLIQUES
Défi d'une société en tension
Sous la direction de Gaëlle Baron et Nicolas Matyjasik
L'évaluation des politiques publiques constitue un instrument à disposition des pouvoirs publics pour engager les mutations nécessaires de leur action. Elle doit

accompagner et si possible précéder ces évolutions. L'implication des citoyens et la diffusion grand public sont par exemple des réponses aux attentes de participation à la décision publique. L'évaluation doit aussi adapter ses méthodologies et identifier les priorités d'intervention.
(Coll. La Librairie des Humanités, 29.00 euros, 282 p.)
ISBN : 978-2-336-00445-7, ISBN EBOOK : 978-2-296-50864-4

ÉDUQUER À LA BIODIVERSITÉ POUR UN DÉVELOPPEMENT DURABLE – Réflexions et expérimentations
Matagne Patrick
Il était utile d'aborder d'une autre façon ce champ où biodiversité et développement s'entrecroisent dans une perspective pédagogique et expérimentale. Ce livre croise les scènes de la nature avec les scènes de l'homme et de la société. Voici un manuel utile aux étudiants, enseignants, formateurs, chercheurs et éducateurs en environnement et développement durable.
(Coll. Biologie, écologie, agronomie, 13.00 euros, 112 p.)
ISBN : 978-2-296-99354-9, ISBN EBOOK : 978-2-296-50914-6

TERRE (LA), QUESTION VITALE AU XXIe SIÈCLE
Sous la direction de Belkacem Belmekki, Madhu Benoit, Michel Naumann, Joëlle Weeks
Comment l'Inde et l'Afrique ont-elles construit le rapport de l'homme à la terre ? C'est la quête d'une unité perdue et celle d'une possible reconquête de la terre que restitue cette étude. Elle se décline en trois mouvements : mythologies et religions offrent à la réflexion contemporaine un cadre intellectuel, spirituel et écologique. Le récit se clôture sur le thème d'une reconquête vitale qui allie spiritualité et développement durable, économie et écologie, richesse linguistique et patrimoniale.
(Coll. Discours identitaires dans la mondialisation, 23.00 euros, 230 p.)
ISBN : 978-2-336-00120-3, ISBN EBOOK : 978-2-296-50991-7

GENRE, CHANGEMENTS AGRAIRES ET ALIMENTATION
Sous la direction de Christine Verschuur
Cet ouvrage propose de donner matière à réfléchir sur les processus d'appauvrissement des paysannes et paysans. Près d'un milliard de personnes ont faim dans le monde et paradoxalement 70 % d'entre elles font partie de familles paysannes. Les ressources naturelles et techniques sont pourtant suffisantes pour assurer une alimentation correcte de l'humanité. Cet éclairage nouveau prétend contribuer à expliquer les inégalités d'accès à l'alimentation dans le développement rural.
(Coll. Cahier du genre et développement, 47.00 euros, 480 p.)
ISBN : 978-2-296-99303-7, ISBN EBOOK : 978-2-296-50608-4

ÉCOLOGIE ET ÉVOLUTION DU MONDE VIVANT (Volume 1)
Le vie est une transmission d'information
Godron Michel
Comment résoudre les problèmes écologiques mondiaux qui se posent aujourd'hui ? Quels changements de nos mentalités et quelles innovations

techniques seront nécessaires ? Ce volume répond à la question «Qu'est-ce que la vie ?» Depuis qu'elle est apparue sur terre, l'évolution des êtres vivants a suivi un «modèle» écologique et cybernétique très général, qui a conduit à la biodiversité actuelle, qui dépend elle-même des climats et des sols.
(Coll. Biologie, écologie, agronomie, 54.50 euros, 612 p.)
ISBN : 978-2-296-55870-0

ÉCOLOGIE ET ÉVOLUTION DU MONDE VIVANT (Volume 2)
L'échelle crée le phénomène
Godron Michel
Comment résoudre les problèmes écologiques mondiaux qui se posent aujourd'hui ? Quels changements de nos mentalités et quelles innovations techniques seront nécessaires ? Ce volume présente l'étude statistique de la répartition écologique des plantes et des animaux à l'échelle biogéographique des continents et des étages de végétation ainsi qu'à l'échelle des communautés végétales et animales et des paysages.
(Coll. Biologie, écologie, agronomie, 38.00 euros, 388 p.)
ISBN : 978-2-296-55871-7

ÉCOLOGIE ET ÉVOLUTION DU MONDE VIVANT (Volume 3)
Les problèmes écologiques actuels
Godron Michel
Comment résoudre les problèmes écologiques mondiaux ? Quels changements de nos mentalités et quelles innovations techniques seront nécessaires ? Ce volume retrace l'arrivée discrète de l'Homme dans la biosphère, amorcée depuis deux millions d'années, et son emprise écologique du Paléolithique à nos jours. Il se termine par l'analyse des problèmes écologiques actuels, qui sont surtout le fruit délétère de notre société de surconsommation.
(Coll. Biologie, écologie, agronomie, 61.00 euros, 750 p.)
ISBN : 978-2-296-55872-4

ÉCONOMIE DE L'ENVIRONNEMENT
Outils de gestion économique de la biodiversité
Ngo Nonga Fidoline
Préface de Jacques Fame Ndongo - Avant-propos de Claude Njomgang
L'érosion de la biodiversité est effrayante. La dégradation des forêts tropicales s'accélère jour après jour, entraînant la disparition de nombreux actifs naturels. D'autres écosystèmes, fortement riches en biodiversité, subissent le même sort, ce qui met en péril les bases de la vie sur terre. Cette forte dégradation de la biodiversité appelle tous les humains à adopter des comportements conservateurs. Ce livre décrypte les principales problématiques de l'économie de l'environnement.
(Coll. Harmattan Cameroun, 31.00 euros, 306 p.)
ISBN : 978-2-296-99058-6

L'HARMATTAN, ITALIA
Via Degli Artisti 15; 10124 Torino

L'HARMATTAN HONGRIE
Könyvesbolt ; Kossuth L. u. 14-16
1053 Budapest

ESPACE L'HARMATTAN KINSHASA
Faculté des Sciences sociales,
politiques et administratives
BP243, KIN XI
Université de Kinshasa

L'HARMATTAN CONGO
67, av. E. P. Lumumba
Bât. – Congo Pharmacie (Bib. Nat.)
BP2874 Brazzaville
harmattan.congo@yahoo.fr

L'HARMATTAN GUINÉE
Almamya Rue KA 028, en face du restaurant Le Cèdre
OKB agency BP 3470 Conakry
(00224) 60 20 85 08
harmattanguinee@yahoo.fr

L'HARMATTAN CAMEROUN
BP 11486
Face à la SNI, immeuble Don Bosco
Yaoundé
(00237) 99 76 61 66
harmattancam@yahoo.fr

L'HARMATTAN CÔTE D'IVOIRE
Résidence Karl / cité des arts
Abidjan-Cocody 03 BP 1588 Abidjan 03
(00225) 05 77 87 31
etien_nda@yahoo.fr

L'HARMATTAN MAURITANIE
Espace El Kettab du livre francophone
N° 472 avenue du Palais des Congrès
BP 316 Nouakchott
(00222) 63 25 980

L'HARMATTAN SÉNÉGAL
« Villa Rose », rue de Diourbel X G, Point E
BP 45034 Dakar FANN
(00221) 33 825 98 58 / 77 242 25 08
senharmattan@gmail.com

L'HARMATTAN TOGO
1771, Bd du 13 janvier
BP 414 Lomé
Tél : 00 228 2201792
gerry@taama.net

Achevé d'imprimer par Corlet Numérique - 14110 Condé-sur-Noireau
N° d'Imprimeur : 99395 - Dépôt légal : juin 2013 - *Imprimé en France*

Made in United States
Orlando, FL
05 November 2026

90231069R00098